MÉTHODE

ET

ENTRETIENS D'ATELIER

PARIS. · TYP. DE L. GUÉRIN, 26, RUE DU PETIT-CARREAU

MÉTHODE

ET

ENTRETIENS D'ATELIER

PAR

THOMAS COUTURE

———

PARIS

RUE VINTIMILLE, N° 22.

AVEC LA SIGNATURE DE L'AUTEUR.

—

1867.

INTRODUCTION

INTRODUCTION

Je ne sais rien, je ne connois rien ; n'ayant aucune instruction, je sens que je ne puis inspirer quelque sympathie que par une profonde sincérité; ce spectacle d'un homme qui ne doit ce qu'il a qu'à son épreuve de la vie, ses observations et les débris de renseignements et de livres qui sont venus à lui comme de véritables épaves, suffira-t-il pour inspirer l'intérêt? J'en doute, et je suis même à peu près certain que beaucoup de personnes trouveront qu'il est exorbitant d'oser écrire un livre sans avoir fait les études nécessaires pour cela; à ces personnes, je répondrai par mon livre même, dans lequel je cherche à faire comprendre que dans tout, l'expression naïve, sincère, dépourvue de toute science, est préférable à l'expression lettrée, par cette simple raison que les homme s'instruisant par des livres, la multiplicité des documents les absorbe et leur fait oublier la bonne et vraie voie, celle de la nature; et je dirai encore à ceux-là : « Vous avez l'Université pour vous, eh bien, moi, j'ai mon Dieu et je ne vous crains pas! »

Cependant, je ne veux donner aucun défi, j'ai voulu simplement prouver que l'on pouvait parler sans le secours de l'instruction.

J'en ai souvent eu la preuve, et voici comment : Nous avions dans nos ateliers de peinture un brave homme qui se nommoit L'Amoureux. Vous allez voir que c'étoit un nom de prédestiné : cet homme étoit extrêmement modeste, timide; le désir qu'il avoit de bien parler au milieu de jeunes gens auxquels il supposoit une instruction supérieure troubloit sa pauvre cervelle; sa langue fourchoit et il nous donnoit la comédie la plus burlesque qu'on puisse voir ; un jour, ce modèle vint poser chez moi, et je vis à la pâleur de son visage qu'un grand malheur lui était arrivé, je lui dis : — Qu'avez-vous donc, mon brave, vous êtes triste ? — Oui, Monsieur. Cette réponse fut suivie d'un silence de quelque durée ; il se plaça sur un tabouret et prit la pose qu'il prenoit habituellement pour mon travail — Mais, qu'avez-vous ? contez-moi cela. — Ma femme vient de mourir, me dit-il, en se tournant vers moi. Comment pourrai-je vous peindre ce visage resplendissant de majesté ? Cet homme relevé par la douleur, avant qu'il ne m'eût parlé, j'avais pressenti la beauté de son langage, et je ne fus pas trompé ; jamais je n'avois entendu de paroles plus touchantes, jamais expressions plus nobles, mieux choisies, n'avoient été recueillies par moi. Si une comparaison pouvoit être faite, il faudroit prendre alors les plus beaux passages de l'Odyssée. Quel miracle ! le malheur avoit transformé cet être : aujourd'hui qu'il a tout perdu en perdant sa vieille compagne, il veut mourir, il ne veut plus de ce monde, il en est affranchi : il parlera comme il pense, lui, si peu de chose ; il exprimera ses pensées, lui, le niais, le simple, le souffre-douleurs des autres, cela sera un soulagement pour son pauvre cœur ulcéré. Tant pis, ils en riront, mais il n'entendra pas leurs cruelles plaisanteries ; il sent que la bonne mort le protégera..... Parle, parle, pauvre bouffon de la veille, ta douleur t'a rendu plus grand que ceux qui te méprisoient, plus noble que les plus nobles ; parle, tu es touché par la vérité, fais-nous entendre ces belles paroles qui ne sont prononcées que par ceux qui vont mourir ; exprime-nous ces pensées qui réduisent en poudre les fausses idées de notre monde..... Il parloit, ou pour mieux dire, comme un cygne il chantoit..... Je fus ébloui, remué jusqu'au fond des entrailles ; le lendemain, je voulus revoir cet homme, hélas ! ce n'étoit que trop bien les paroles d'un mourant. . . . .

On suppose qu'à ce moment suprême l'homme est inspiré ; ce semblant d'inspiration est facile à expliquer : l'être ne change pas, rien de nouveau n'apparoît en lui; seulement, quittant le monde pour toujours et n'ayant plus la responsabilité du lendemain, il ose être lui-même, et se servir de l'esprit que Dieu avoit placé en lui. Il auroit pu en user toute sa vie, mais l'âme est pudique, l'instinct est ombrageux, ces deux belles choses ne se manifestent que dans une grande excitation des passions ou des sentiments, mais dans les conditions habituelles de l'existence, elles restent comme voilées par celui qui les possède.

Cette pudeur de l'âme a été de tout temps exploitée par les sots; ils ont compris que les impudeurs de l'orgueil refouloient dans l'homme les splendeurs divines qui pouvoient les écraser.

Il seroit bon, je crois, de rassurer les humbles.

Pour cela, je dirai : Ayez foi en votre âme, suivez votre Dieu qui est en vous, exprimez ce qu'il vous dicte, et ne craignez pas d'opposer vos lumières divines aux affreux lampions universitaires. Éclairez et guidez à votre tour ceux qui veulent vous contenir par le ridicule.

Si vous êtes fermier, parlez des produits de la terre; si vous êtes industriel, parlez de l'état que vous connaissez; si vous êtes artiste, parlez de votre art. Ne craignez pas l'incorrection de votre langage, il sera toujours excellent, et, quoi que vous disiez, vous qui connoissez la chose dont vous parlez, vous ne pourrez jamais vous exprimer plus niaisement que ceux qui font métier de la parole.

La vie, la tradition, le grand livre de la nature vous donneront une instruction suffisante. Ce qu'on appelle bienfaits d'éducation est un luxe inutile à la manifestation de la pensée, ceux qui les possèdent ont le simple avantage de couvrir leur esprit d'une housse uniforme, ils en gênent l'essor, comme ils paralysent l'usage de leurs mains en les couvrant de gants étroits; ils sont à l'espèce humaine ce que sont les animaux savants; et j'avoue pour ma part qu'un *mosieu,* comme on en voit tant, qui parle selon la syntaxe et qui débite certaines phrases latines, m'impressionne comme un perroquet social.

L'instruction ne nuit pas toujours, c'est une

véritable force que vous pouvez ajouter à celles de la nature. Au reste, les hommes vraiment capables la prennent pour ce qu'elle vaut, et vous ne trouverez jamais chez ces derniers les susceptibilités des pions.

Pour moi, je veux me montrer tel que je suis, je n'emprunte le secours de personne; cependant, je consulte, j'observe ceux qui passent pour instruits, et, regardant de plus près, je les vois peu convaincus dans leur prétendue science.

Voici ce que j'ai recueilli pour mes écrits.

— « Votre livre est incorrect et demande à être travaillé, vous vous servez d'expressions que l'on peut employer dans la conversation, mais qui ne sont pas acceptables dans le style écrit. Vos qualifications sont souvent répétées et presque toujours les mêmes. Enfin, nous devons vous dire en toute sincérité, que ce que nous voyons dans ce manuscrit, nous représente des notes et non un livre. Pour le faire, ce livre, il faudroit du temps et une science que vous n'avez pas : gardez ceci en portefeuille; il vaut mieux se taire que de devenir sans raison un objet de risée.

— « Mais, mes chers Messieurs, est-ce que je ne pourrois pas, grâce à votre concours, corriger mes fautes, supprimer les mauvaises locutions, redresser les phrases peu françaises ; je me soumets à tout, j'accepte tout, parlez !

— « Non, non, ce n'est pas possible; tenez ! ce premier passage est à retrancher entièrement, il ne se comprend pas.

— « Eh bien, Messieurs, comme vous paroissez vous y connoître, allez, taillez, rognez ! »

Et ils firent si bien que rien ne restoit dans mon pauvre livre.

J'eus, je l'avoue, de la peine à me soumettre à des réformes si radicales, et je pris le parti de faire simplement ponctuer par un lettré mon infortuné manuscrit.

Moi, naïvement, je mettois des virgules lorsque je voulois un temps d'arrêt de peu de durée, un point et une virgule lorsque la phrase devoit trouver son complément dans la phrase suivante, et un point lorsque la phrase me paroissoit terminée. Enfin, j'avois cru mes points et mes virgules convenablement placés, mais je vis à l'aspect de mes pages mouchetées par la science, que je n'y connoissois rien.

Lorsqu'un homme est bien malade, on fait venir plusieurs médecins pour mieux le guérir. Mon amour-propre avoit tant souffert de ma consultation scientifique, que je ne voulus pas me soumettre de suite à une condamnation. Je fis ponctuer les mêmes feuilles par d'autres bacheliers et j'obtins incessamment des mouchetages différents.

Que faire, que devenir avec des hommes si savants? — Si vous mettez un point là, disoient-ils, votre phrase est brisée et n'a plus de signification; une virgule ici, disoient les autres, vous retirez l'expression, la vie, votre style est mort.

Je suis comme ce malade auquel on dit : Laissez-vous saigner des quatre membres, c'est le seul moyen de vous fortifier; mais un médecin plus savant certifie que l'ordonnance de son confrère manque d'énergie, qu'il est de toute nécessisé de décoller entièrement la tête, pour la dégager de ses matières peccantes; il affirme au malade qu'il n'a rien à craindre, que cette opération doit sans aucun doute être suivie d'un plein succès.

Dans ce choix agréable, le pauvre diable aime habituellement mieux s'en remettre à la grâce de Dieu.

Selon moi, il n'a pas tort et je le prendrai pour modèle.

Ne comprenant pas le style, je me servirai, pour rendre ma pensée, d'un clavier de peu d'étendue. Vous serez sans doute bienveillant, lecteur, vous ne pouvez guère faire autrement. Je me présente à vous comme un déshérité, un infirme; oui, tenez! supposez que je sois bègue! voilà, je crois, une excellente comparaison. Si vous voulez bien m'entendre, vous vous armerez de patience, et vous prendrez encore un bon visage pour me donner confiance.

De mon clavier, je formerai un petit cadre

d'expressions, dans lequel j'espère vous faire voir bien des choses de la nature. Cela sera une faible compensation pour la perte de mots variés, nombreux, qui bouchent souvent le tableau de la nature.

Vous n'êtes pas, j'aime à le croire, du nombre de ceux qui rient en voyant tomber leurs semblables, ou de ces gamins de collége qui font des gorges chaudes sur les fautes de langage de leurs grands-parents. Les malheureux ne savent pas que les pères et mères qui font donner à leurs enfants une instruction supérieure à la leur, sont sublimes d'affection; car ils savent très-bien, eux, qu'ils perdent ceux pour lesquels ils se sacrifient et qu'ils donnent leur propre cœur pour marchepied. On trouve spirituel d'encourager ces jeunes bébés à considérer comme de petites gens ceux qui se dépouillent à leur profit. Aussi, qu'arrive-t-il? C'est que ces enfants échangent des qualités d'âme qu'ils auroient pu prendre de leurs parents, contre d'affreuses peaux de pédants.

Je me compare encore, dans mes malheurs

littéraires, à un homme surpris par une pluie d'orage. Il s'abrite, pour ménager l'éclat de sa chaussure; mais l'heure du rendez-vous le presse, et l'eau tombe toujours. Il se risque et court auprès des maisons; la pluie redouble, et il est fort heureux de retrouver le dessous d'une porte cochère. Là, il s'examine : ses souliers ont perdu leur lustre, le pantalon est crotté. Un commissionnaire, compagnon d'infortune, a essuyé sur son dos les légumes qu'il portoit; c'est une toilette perdue, il n'y a plus à la défendre; il prend fièrement son parti, et cesse de se protéger. Il part d'un pas ferme et grave, et obtient pour premier succès l'admiration de ceux qui ne se risquent pas. Encouragé dans cette nouvelle voie, il marche dans l'eau jusqu'à mi-jambe : un torrent se présente, il n'hésite pas à se jeter à la nage, il atteint l'autre bord, encore un pas et..... il tient la sonnette du logis. On ouvre, quel triomphe! l'infortune l'a paré de ses charmes poétiques. On l'entoure, on le soigne, et recouvert bientôt d'habits confortables et les pieds dans les pantoufles du maître, il égaye les convives par le récit de son odyssée.....

C'est mon image, cher lecteur ; tout éclaboussé d'encre, je viens te demander un abri . . . .

Entretenons-nous de ces bons littérateurs qui, tout à l'heure encore, tombaient sur moi comme grêle. Le feu pétille, la porte est close ; débarrassons-nous de nos vêtements trop serrés, dégageons nos esprits des entraves mondaines, et, les pieds sur les chenets, causons en toute liberté.

Ne trouves-tu pas, aimable amphytrion, que les poëtes sont souvent de détestables peintres ? Pour te prouver ce que j'avance, je te parlerai de leurs images qui peignent bien mal, à mon sens, les choses qu'ils veulent représenter. Parlons de leurs yeux d'émaux, de leurs seins d'ivoire, de leurs flots d'ébène. Voyons ! ne vaudroit-il pas mieux, en bonne conscience, donner une simple qualité à l'objet décrit ? Quelle rage ont ces messieurs, de préférer des yeux de Polichinelle à des yeux naturels, de

remplacer un sein tiède et palpitant par une
boule de bilboquet, et des cheveux abondants
et noirs par une certaine quantité de bois des
îles?..... Ils font aussi grand bruit de règles
qu'ils ne connoissent guère; et, pour moi, je
suis certain qu'ils n'ont, pour reconnoître leur
caste olympienne, que quelques points de re-
père, formés de citations latines. Prenez les
savants, les légistes, les médecins, les artistes,
vous trouverez ce que je signale : une ignorance presque complète, habillée de mots pompeux qui courent dans ce qu'on appelle le domaine de la science. Le savant crache du grec;
le médecin, un plus mauvais latin en *us*, et l'artiste, lui, cite à tout propos les maîtres qu'il ne
connoît pas. Voilà, certes, une image exacte
de ce qui est; et c'est la plèbe savante que
je décris, qui se montre difficile, implacable
dans ses jugements. Il n'en est pas de même
pour ceux qui savent vraiment! Si les premiers ne doutent pas des règles qu'ils ignorent,
les intelligents doutent beaucoup des règles
qu'ils connoissent! et, chose bien remarquable,

c'est que les hommes supérieurs dans les différentes classes savantes, sont toujours détestés
de leurs chers confrères, et ne trouvent d'applaudissements chaleureux et sincères que de
ce bon public que ces messieurs qualifient du
mot *ignare.*

Les prétendus savants vont braire, ils crie-
ront : ô scandale! Les faux bibliques me
diront : *raca.....* peut-être, n'aurai-je que
leur mépris! leur silence, je n'ose pas l'espérer.

Revenons à ce qui m'a donné l'audace d'é-
crire.

Je devois recevoir ma seconde leçon du plus
grand écrivain de notre temps. Madame Georges
Sand avoit bien voulu me donner une place
dans sa loge pour entendre le *Champi.* Vous
savez que, dans cette charmante comédie, un
jeune amoureux veut trop bien parler à celle
qu'il aime; il a si bien préparé son discours,
il a tant de belles choses à dire, que tout se
mêle au moment décisif; et notre amoureux
n'est pas long à s'apercevoir qu'il parle fort mal,
et que sa défaite est le résultat de sa pauvre

tête; mais, heureusement pour lui, son cœur brûle et veut se faire comprendre, à son tour, il parle comme il sent, et vous savez s'il parle bien.

La troisième, je la dois à notre immortel Molière, qui fait dire à son bourgeois gentil-homme : « Je voudrois dire à une personne que j'aime : Belle marquise, vos beaux yeux me font mourir d'amour! » mais, comme il voudroit exprimer cela d'une façon savante, il prie son professeur de langue de vouloir bien donner à sa phrase une forme convenable, et vous savez encore comme moi ce que devient cette phrase arrangée par la science.

De par Molière, on peut donc s'exprimer sans le secours de savants patentés, alors, lais-sons-nous aller; si le conseil est bon, nous serons affranchis de gens souvent bien désa-gréables, et nous aurons encore par-dessus cet excellent marché, la consolation de voir les bons livres servir à quelque chose.

Th^as COUTURE.

Paris, 15 novembre 1866

PRÉFACE

PRÉFACE

Ce livre est le résultat d'observations person-
nelles. Rebelle à toute science, il m'a toujours
été impossible d'apprendre par les moyens académiques. Ces enseignements étoient-ils mauvais? Je ne pourrois le dire, ne les ayant jamais
compris. La vue de la nature, le vif désir de
rendre ce qui me captivoit, me guidoient bien
mieux que des paroles qui me sembloient inutiles, et que d'ailleurs, je l'avoue à ma honte,
je ne voulois pas écouter. Cette indépendance,
cette révolte, si vous l'aimez mieux, m'ont
coûté cher; je me suis souvent trompé de

chemin, je me perdois quelquefois ; il naissoit de ces situations, de grands efforts, de grandes luttes ; j'en sortois plus robuste, déchiré, c'est vrai, mais non moins vaillant. Cette gymnastique intellectuelle m'a formé un bon tempérament artistique ; j'ai fait, je puis le dire, le tour de la peinture, comme on fait le tour du monde. Je viens vous raconter mes voyages, mes découvertes, elles ne sont pas nombreuses et je les crois bien simples. J'ai trouvé du reste, des sentiers plus courts qui aujourd'hui sont suffisamment frayés. Vous n'aurez pas comme moi les difficultés du chemin, vous arriverez plus facilement à ce qu'il faut savoir pour produire, et frais et dispos, vous emploierez toute votre énergie à la création de belles œuvres.

Mes fatigues, je le vois aujourd'hui, je pouvois les éviter ; comme je le dis plus haut, la nature, le vif désir de rendre ce qui me captivoit, me guidoient bien mieux que des paroles qui me sembloient inutiles, oui, c'est vrai ; mais c'étaient l'instinct, le simple, ce que tout homme trouve au départ ; obéir à son cœur seroit trop facile, non, non, la vérité doit être plus difficile à connoître, n'est-ce pas? Je le devine : vous voulez faire aussi votre tour du monde..... Attendez, ne partez pas, je pourrai peut-être vous dispenser du voyage.

Essayer est un devoir, réussir est mon espérance.

———

DU DESSIN ÉLÉMENTAIRE

———

Je commence par dire que je ne connois rien de plus facile que ce que l'on appelle l'art d'imitation; j'expliquerai les choses élémentaires, les moyens matériels qui sont tous aisés à comprendre. Plus tard, lorsque nous toucherons à l'art véritable, nous verrons alors combien cet art du dessin peut être sublime, qu'il prime sur tout, et que les qualités de couleur et de lumière ne peuvent que lui être secondaires.

Je procéderai par ordre, j'éloignerai provisoirement l'art du métier et je me garderai bien

2

de faire intervenir l'antique, ce qu'il y a de plus beau au monde, dans les premiers exercices du dessinateur. Je signale cette première faute de l'enseignement habituel, comme une monstruosité. Par l'usage de ce que vous appelez la bosse, vous profanez votre plus grande ressource; et lorsque vous, professeur, vous voudrez faire sentir à votre élève les beautés de style de la statuaire antique, celui que vous dirigez, habitué, familiarisé, mais mal familiarisé avec ses modèles, ne pourra pas changer ses impressions premières et consentir à envisager autrement ce qu'il croit connoître. C'est une légèreté dans l'éducation qui nous est bien funeste: ne mêlez rien, ne confondez rien; gardez-vous, dans les commencements surtout, de confondre l'art avec des choses matérielles.

Vous pouvez faire copier à l'élève une table, un livre; vous pouvez même y joindre des plâtres moulés sur nature; mais, éloignez l'antique de lui, il a de longues études à faire avant de le comprendre.

Ici, je fais une réflexion, je m'y arrêterai peu;

car ce n'est pas mon affaire; mais je vois que l'art élémentaire, qui a des conséquences énormes et qui devroit être confié à des esprits judicieux, incombe fatalement aux incapables.

Que faut-il faire pour bien dessiner?

Il faut se placer en face de l'objet que l'on veut représenter, avoir de bons outils, toujours propres; regarder avec une grande attention beaucoup plus ce que l'on voit que ce que l'on reproduit; avoir, permettez-moi ce calcul, trois quarts d'œil pour ce que l'on regarde et un quart d'œil pour ce que l'on dessine.

Partir, sur son dessin, d'une première distance, comparer celles qui suivent en les rendant conséquentes de la première.

Etablir, par le rêve ou par la réalité, une ligne horizontale et une ligne perpendiculaire devant les objets à reproduire; ce moyen est un excellent guide que l'on doit toujours garder.

Lorsque, par des indications légères, vous avez déterminé, indiqué vos places; alors, en clignant les yeux, vous regardez la nature. Cette façon de regarder simplifie les objets, les détails disparaissent; vous n'apercevez plus que de grandes divisions de lumière et d'ombre. C'est alors que vous établissez vos bases; lorsqu'elles sont bien posées, vous ouvrez complétement les yeux et vous ajoutez des détails dans des limites bien tracées.

Il faut établir, ce que j'appelle des dominantes pour les ombres et pour les lumières. Regardez bien votre modèle et demandez-vous quelle est sa lumière la plus vive et placez sur votre dessin la lumière à la place qu'elle occupe dans la nature; comme, par ce moyen, vous établissez une dominante, il va sans dire que vous ne devez pas la dépasser et que toutes les autres lumières lui seront subordonnées. Même opération, même calcul pour les ombres; établir la vigueur la plus forte, le noir le plus intense; s'en servir comme d'un guide, d'un diapason, pour trouver les différentes valeurs de vos ombres et de vos demi-teintes.

Marchons toujours avec ordre et récapitulons.

Valeur de distance, valeur de lumière et valeur d'ombre.

Il nous reste à parler des valeurs de contour et des valeurs d'épiderme.

Un dessin, comme un corps naturel, offre des variétés de contour; là, une forme s'indique par des lignes fugitives; ici, elle s'affirme par des traits ou des ombres vigoureuses. Il faut bien se garder de marquer fort ce qui est faible, et faible ce qui est fort; de mettre un plein à la place d'un délié, ou un délié à la place d'un plein; il faut se soumettre à la même règle et par des comparaisons incessantes établir ces différences. Pour l'épiderme, vous ne ferez pas la bure, la grosse toile, une vieille muraille, un terrain avec les moyens délicats qu'il faut employer pour rendre des étoffes fines, des objets précieux, les chairs d'une femme, etc. Il faut approprier son exécution à la chose que l'on représente; au reste, l'objet même peut nous servir de guide.

PRINCIPES ÉLÉMENTAIRES DU DESSIN
D'APRÈS NATURE

———

Vous ne pouvez copier les objets mobiles de la nature que lorsque vous êtes très-certain de trouver rapidement vos places; les procédés seront toujours les mêmes, mais plus difficiles dans leur application. C'est pour cela que des exercices constants sont nécessaires; un musicien vous dirait : des gammes! des gammes! moi, je vous dirai : du dessin! du dessin! Dessinez matin et soir pour exercer votre œil et pour avoir une main sûre. Nous reviendrons, plus tard, sur le dessin considéré au point de vue artistique, mais n'anticipons pas; j'ai, quant à présent, dit tout ce qu'il fallait dire.

DES PREMIERS PRINCIPES DE LA PEINTURE

Vous ne pouvez vous mettre à peindre que lorsque vous êtes bien certain de votre dessin; vous allez voir que pour l'emploi de la couleur les tâtonnements sont funestes; une pratique sûre est nécessaire pour obtenir de bons résultats.

Cependant, je ne vous parlerai pas encore des grandes ressources de l'exécution, qui ne peuvent s'employer qu'après de longs exercices; la précision, une grande légèreté de main sont les qualités qui découlent du travail et du temps.

Simplifiez vos moyens d'action, ayez de la méthode, du calme surtout pour jouir de toutes vos facultés, vouloir embrasser trop de choses, trouble; les plus forts n'y résistent pas, jugez ce que doit devenir un pauvre débutant s'il se laisse envahir par les idées qui l'accablent.

. Ne courez pas, comme on le dit vulgairement, deux lièvres à la fois; divisez les forces d'un art que vous ne sauriez comprendre dans son entier et qui, d'ailleurs, vous écraseroit dans son ensemble. Etudiez chacune de ses parties séparément. Le jour de la réunion ne se fera pas longtemps attendre, et, plus tard, vous dominerez ce qui vous accablait au départ.

Ceci n'est autre chose que de la méthode.

Commençons.

Vous tracez votre dessin sur la toile; le fusain est préférable à la craie; vos places bien arrêtées, vous composez avec de l'huile cuite, grasse, et de l'essence de térébenthine par moitié, ce que l'on appelle une sauce; vous mettez sur votre palette les couleurs nécessaires à la première préparation.

Telles que : noir d'ivoire, bitume, brun rouge et cobalt.

Avec un ton composé de noir et de brun rouge, vous pouvez obtenir le ton bistre, ou bien : le bitume, le cobalt et le brun rouge vous donneront à peu près le même résultat.

Des brosses de martre, un peu longues, sont nécessaires pour tracer le dessin.

Revenons, maintenant, au dessin tracé au fusain. Il faut peindre; notre fusain pourroit nous gêner et entraîner, dans la couleur, une poussière de charbon qui ferait mauvais effet. Eh bien, avec un appui-main on frappe sur la toile comme sur un tambour, le fusain tombe, le dessin devient plus blond mais reste suffisamment marqué pour guider le pinceau. Alors, vous prenez la brosse de martre que vous trempez dans votre sauce, puis dans la teinte bistre, et vous tracez tous vos contours. Ces contours étant pris, vous massez vos

ombres et vous obtenez une espèce de sépia
à l'huile.

Cette première préparation, on doit la laisser
sécher ; au reste, son exécution demande le
travail d'une longue séance ou d'une journée.
La nuit suffit pour faire prendre et le lendemain
vous revenez, comme la veille, avec une préparation semblable ; vous mouillez vos ombres
en ménageant vos lumières.

Ici, vous nettoyez votre palette et vous la
chargez de cette manière :

Blanc de plomb ou blanc d'argent,

Jaune de Naples naturel,

Ocre jaune,

Cobalt,

Vermillon,

Brun rouge,

Laque (les garances sont les meilleures),

Terre de Sienne brûlée,

Cobalt,

Bitume,

Noir d'ivoire.

Laissez-vous aller, dans la composition de vos teintes, à vos inspirations ; cherchez, trompez-vous ; mais prenez, avant tout, les habitudes de la sincérité.

Je ne puis pas, je ne veux pas vous en dire davantage.

OCCUPATION D'UN JEUNE PEINTRE
EN DEHORS DE SON ART

———————

Vous le savez maintenant : vous avez à dessiner matin et soir, vous avez à barbouiller beaucoup de toiles, à user beaucoup de couleurs, et cela pendant bien longtemps.

Ces exercices, cette gymnastique n'étant pas très-fatiguants, vous pouvez profiter de cette période pour orner votre esprit par la lecture de bons livres; les anciens, nos classiques français sont bons à connaître. Mais, pour vous, peintre, il est certains ouvrages que je tiens à vous signaler et qui vous seront d'un grand profit.

Homère, Virgile, Shakspeare, Molière, Cervantes, Rousseau, Bernardin de Saint-Pierre.

Dans les trois premiers, vous trouverez un grand enseignement pour votre art. Homère nous donne la simplicité primitive, Virgile le rhythme, Shakspeare la passion. Molière, aussi, vous fera comprendre que l'on peut allier le beau langage, la belle forme à l'expression de la vérité.

Lisez beaucoup, absorbez; vous êtes jeune, la digestion vous sera facile.

Vivez en bonne compagnie et fréquentez surtout les jeunes gens avancés dans votre art.

Gardez-vous de vouloir paraître plus que vous n'êtes; gardez-vous surtout, de mettre les sentiments d'autrui à la place des vôtres : là est la perte, là sont les ténèbres; osez être vous-même : là est la lumière. Soyez vraiment chrétien, attendrissez votre cœur; soyez humble surtout : dans l'art de peindre, l'humilité est la plus grande des forces.

PRINCIPES ÉLÉMENTAIRES
DE LA COMPOSITION

———

Étant préparé par d'excellentes lectures, vous donnerez à vos études une bonne direction. Avant tout, fuyez la laideur.

Vous devez toujours porter sur vous un petit album et retracer en quelques lignes les beautés qui vous frappent, les effets saisissants, les poses naturelles, etc. N'oubliez pas de vous faire fourmi, abeille ; butinez, ayez le plus tôt possible un grenier d'abondance ; exercez-vous de bonne heure dans la composition, mais toujours avec des éléments dûs à vos observations.

Prenez les habitudes du vrai.

Ce que je vous dis là ce sont les choses élémentaires de la composition, nous reviendrons sur le même thème ; mais, pour vous faire comprendre tout le parti que l'on peut tirer de la vérité et arriver, par cette vérité même, aux compositions les plus poétiques, n'anticipons pas, et, comme toujours, ayons des commencements modestes.

INTRODUCTION AU GRAND ART

———————

Allons, jeunes gens, voici le grand art, le pays enchanté ; vos yeux sont exercés, vos mains habiles ; le temps est venu de vous initier. Ici, je vous arrête encore ; j'ai, je crois, de sages et prudentes paroles à vous dire avant de lever le rideau.

Vous êtes impatients, pleins d'ardeur ! c'est d'un bon augure ; vous croyez que vous allez être émerveillés, enivrés par ce que je vous ferai voir ; détrompez-vous. La vue de la beauté ne produit jamais ces transports sur ceux qui ne la connoissent pas.

Elle est tellement simple, qu'elle ne parle qu'aux initiés.

Ceux qui voient la mer pour la première fois, sont étonnés du peu d'impression qu'elle produit: une simple ligne droite à l'horizon, de l'eau en assez grande quantité, voilà tout! Voilà tout, pour celui qui ne connaît pas, mais pour celui qui sait voir, quelle merveille que la mer!

La vue des belles choses antiques, la vue des tableaux de Raphaël, Michel-Ange, Rubens, Titien, Rembrandt; tout ce qui est immense, infini, ne vous étonnera pas.

Je vous préviens, pour vous garantir contre ce que vous pourriez considérer comme une déception.

Mais comme je vous connais, je prendrai, je crois, un bon moyen pour vous faire comprendre: ce moyen m'a été indiqué par un brave paysan, et voici comment:

Un jour, voulant me donner la comédie d'une grande surprise, je fis servir à un paysan une excellente bouteille de chambertin; j'attendois ses expressions admiratives, mais mon gaillard buvoit mon vin sans sourciller et ne paraissoit pas plus s'en inquiéter que s'il avoit bu du cidre. Etonné, je lui dis : « — Comment trouvez-vous ce vin? » — « Il n'est pas mauvais, me dit-il ; mais, il est un peu fade. » — Un peu fade, un chambertin merveilleux! Je ne me tins pas pour battu. Pendant quinze jours, je lui fis servir ce même vin et pendant ce temps, j'avois fait venir quelques bouteilles de celui qu'il buvoit habituellement et duquel il me parloit avec beaucoup d'éloges. Au bout de ma quinzaine, je lui versai, sans qu'il s'en aperçût, un verre de sa piquette et je lui vis faire une singulière grimace.

— « Ah! mon Dieu, qu'est-ce que c'est qu'ça?

— Mais c'est votre vin, celui que vous aimez tant.

— Est-ce possible? aujourd'hui, il me paroît détestable. Donnez-moi du vôtre, je m'y habitue. »

Je vous donnerai un chambertin intellectuel, afin de vous faire détester toute mauvaise piquette.

Cependant ma tâche devient difficile, je ne sais vraiment comment faire. Essayons.

Ignorant ce qu'il faut savoir pour bien écrire, je ne puis prendre pour guide que la nature et les enseignements qu'elle me donne ; vous me permettrez donc de vous raconter encore une petite anecdote.

Fatigué de travail, j'avois besoin d'air; il me falloit les champs, les bois, la douce verdure ; j'avois trouvé tout cela : un endroit charmant ; personne, la solitude. Une vache seulement broutoit l'herbe à peu de distance de moi. Couché sur le dos, le visage caressé par de belles feuilles fraîches, je mordillois cette verdure et j'étois heureux de me sentir aussi bête que ma compagne. Laisser courir son imagination est une douce chose, mais détendre son cerveau pour laisser fuir ses pensées, leur permettre de faire l'école buissonnière, n'est-ce pas pour le penseur fatigué la plus agréable situation ? Telle étoit la mienne. Une eau limpide couloit à mes pieds, j'en regardois la surface, mais sans attention, presque sans voir; la nature

m'enveloppoit, je ne l'observois pas. Ma perception devoit bien être celle de l'animal, un
coin... puis rien! Ce petit espace étoit couvert
de ces araignées qui entament à peine la surface
de l'eau et glissent sur elle avec une grande
rapidité; je pris plaisir à ce spectacle : ces
noirs insectes se détachant nettement sur des
eaux d'un blanc bleu qui reflétoient le ciel,
cela m'amusoit... Mes facultés pensantes s'é-
veillèrent à mon insu, car je remarquai bientôt
les arbres de la rive qui se dessinoient sous l'eau
en adorables broderies; puis les oiseaux, les
papillons, les nuages, la profondeur; et sur
tout cela un voile d'une finesse incroyable qui
donnoit à ce que je voyois l'aspect d'un paradis terrestre. Chose étrange, quel changement!
Est-ce un mirage? Voyons. Par la pensée, je
revins à la surface des eaux et, à ma grande
surprise, je revis mes araignées noires sur cette
même surface métallique qui sembloit cacher
par un couvercle impénétrable le paradis que
j'avais entrevu. C'était trop fort. Je me lève, je
me frotte les yeux, bien décidé à me rendre

compte de ce phénomène; pourtant rien n'étoit changé. Si je regardois attentivement la superficie de l'eau, le beau spectacle disparaissoit; si, au contraire, je donnois toute mon attention au reflet des eaux, je retrouvois mon paradis enchanté.

N'est-ce pas là l'explication de l'art?

Si vous regardez superficiellement, vous n'aurez qu'une image vulgaire; regardez davantage, approfondissez, l'image devient sublime.

Prenons un esprit étroit, il voit un pauvre, deshérité, infirme, grotesque, il en rit. Vient un Shakspeare, il regarde · sous cette enveloppe; il voit une âme, dans les yeux d'immenses douleurs, et crée un poëme sublime là où le niais n'avait vu qu'un objet de risée.

Bien voir, bien choisir est le secret. Il n'y aurait donc pas, comme on le dit, interprétation, mais simplement choix dans le domaine du vrai.

Le choix du plus beau n'est pas encore la dernière expression de l'art. Assurons-nous si la plus belle chose est parfaite, exaltons-la dans sa beauté, dans sa splendeur; voyons si ce que nous avons choisi est dans les lois constitutives de la beauté. Voilà en quoi Raphaël est admirable : c'est que tout ce qu'il crée semble sortir des mains de Dieu ; par une perception vraiment divine il réhabilite l'homme, il éloigne de lui ses souillures, ses infirmités, il le purifie.

Lui seul pouvoit faire une Ève.

Tout ceci justifie la pensée de Platon et nous, peintres, pouvons dire avec lui :

L'art ou la beauté est la splendeur du vrai.

DU DESSIN
DANS SA PLUS BELLE EXPRESSION

———

Vous possédez vos moyens matériels, c'est une bonne chose, car ils sont indispensables.

Par vos exercices, vous avez formé en vous un ouvrier habile; l'artiste peut être sans crainte aujourd'hui, il est certain d'être bien secondé.

Maintenant que nous avons l'instrument, ayons l'âme.

Le dessin c'est la base.

Formons de bonnes fondations, employons de bons matériaux.

Ici, deux choses deviennent indispensables, la connoissance de l'anatomie, puis l'étude de l'antique; mais d'un certain antique, je veux parler du savant, de celui qui semble mettre toute sa gloire dans la parfaite construction humaine.

Le Gladiateur, le Laocoon, le Faune à l'enfant, etc.

Une étude trop poursuivie de l'anatomie est inutile; il suffira de connoître parfaitement l'écorché de Houdon et de faire quelques travaux sur des sujets naturels.

En joignant à cela l'étude des antiques que je signale, vous prendrez une parfaite connoissance du corps humain.

Sans trop vous en apercevoir, les habitudes de style et d'élégance viendront; vous ferez tout naturellement un rapprochement de ces belles formes avec celles de nos modèles qui sont incomplètes ou atrophiées; l'antique vous éclairera, vous aimerez l'antique.

La vue de ces belles têtes bien plantées, de ces beaux cols si bien attachés; ces articulations, ces belles extrémités, ces belles lignes vous captiveront ; vous serez sous le charme, vous ne pourrez pas encore vous rendre compte de vos impressions, vous ferez pour ainsi dire un travail d'absorption.

De la patience, du calme ; l'antique vous pénètre, vous vous familiarisez avec lui et vous arrivez naturellement à dire : Pourquoi est-ce beau ?

Quel pas énorme vous avez fait ! vous sondez le mystère.

En observant, vous voyez que toujours, dans ces admirables statues, la ligne droite est en juste accord avec la ligne courbe. Seroit-ce un système ? Non, c'est la connoissance parfaite de la nature. Surprenez un mouvement naturel bien franc, l'équilibre complet, et vous aurez ce que donne l'antique : une parfaite harmonie, une juste mesure dans ces lignes si différentes.

Vous remarquerez certaines divisions dans leurs têtes. Prenons celles de l'Apollon et de la Vénus de Milo : la ligne du front avec le nez est presque droite, la ligne des sourcils est très-rapprochée de la paupière supérieure, le front bas ou pour mieux dire, les cheveux plantés bas; le nez assez fort et à peu de distance de la lèvre supérieure; le menton, par son volume et sa saillie, vient balancer l'importance du nez; les oreilles détachées du crâne, le col ample, fort et long; de grands plans, de grandes divisions; pas de fioritures, peu de détails; même principe dans tous les bustes de la belle époque romaine.

Ces lois de la beauté étoient enseignées, apprises chez les anciens; tous s'y soumettoient, c'est ce qui donne cette magnifique unité à leurs productions.

N'allez pas croire que l'observation de ces règles altéreroit votre naïveté; vous pouvez vous y conformer et rester fidèle aux personnages que vous représenterez.

Il y a dans la nature des côtés pleins de charme; ce sont les côtés physionomiques. Ces traits, ces formes qui donnent aux êtres un caractère particulier, ce sont de ces saveurs qu'il faut respecter, qu'il faut même développer, et vous pouvez sans crainte allier ce développement aux corrections faites dans le sens de la beauté constitutive.

Il vous sera facile de trouver dans la nature des types à peu près semblables à ceux de la statuaire antique. Prenez ces modèles, posez-les comme les figures qu'ils rappellent ; faites sur eux une étude consciencieuse de la nature ; puis, venez près de l'antique en signaler les différences.

Voilà de bonnes et fortes études qui vous feront faire des progrès rapides.

Maintenant, je vous signalerai les maîtres qu'il faut étudier pour la science du dessin :

Raphaël, dans ses dessins faits d'après nature, ceux de Léonard de Vinci, la belle série des dessins de Lesueur, les dessins du Poussin et d'André del Sarte. Pendant ces exercices, faites encore d'après nature : les gens qui dorment sur les places publiques, les ouvriers qui travaillent, les hommes qui remorquent les bateaux, ceux qui se baignent, ceux qui écoutent les chanteurs ambulants ; les enfants, les femmes au lavoir ; enfin, dessinez dans tous les endroits où l'homme est naturel.

La nature vous appartient ; elle est pour vous comme un vaste jardin. Allez, regardez, choisissez ; que de fleurs, que de fruits ! En choisissant bien vos fleurs, formez-nous de splendides bouquets : faites mieux encore, ne cueillez pas, ne retirez pas à la fleur sa vie, sa sève, laissez-lui son air et son soleil. N'oubliez pas que votre mission est de faire aimer l'œuvre de votre Dieu et que détruire est pour vous une mauvaise action. Surprenez la nature ; venez à elle en ami, faites-vous son serviteur, vous en serez bien récompensé. Si, au contraire, vous coupez la fleur de sa tige, vous n'emporterez qu'une victime ; et vous, son meurtrier, aurez-vous les sentiments qu'il faut avoir pour la bien rendre ?

Ceci me rappelle ces pauvres peintres qui croyent copier le naturel en prenant ce qu'ils appellent des modèles, hommes et femmes de la basse classe, qu'ils drapent avec de vieux rideaux ou de vieilles couvertures, et lorsqu'ils ont devant eux ces individus hideux et ridicules, ils copient, ils copient quoi? des choses en dehors du naturel.

- Si vous prenez des modèles, prenez-les ou, pour mieux dire, surprenez-les; qu'ils ignorent que vous les regardez. Quelques lignes tracées rapidement, vos observations et quelques notes prises sous le feu de vos impressions vous guideront bien mieux que ces affreux modèles qui vous égarent; on peut s'en servir, mais avec une grande réserve et en se gardant bien de mettre un mannequin humain à la place de l'idéal

L'amour et le sentiment de ce qui vit, voilà ce qu'il vous faut; l'action, le mouvement, la lumière, la passion, la pensée : poursuivez toutes ces merveilles de la vie comme le chasseur poursuit son gibier.

Voyez là-bas, ce bel enfant échauffé par le jeu; voyez les belles teintes de son visage, le beau désordre de sa chevelure et le soleil qui inonde tout cela de sa lumière. Vite, votre carnet, quelques lignes, des notes, c'est bien, cela suffit ; soyez heureux, vous avez fait une chasse superbe.

Si, après avoir surpris un bon mouvement, une pose naturelle, vous pouvez obtenir une séance de l'être observé; oh ! alors, vous serez dans les meilleures conditions pour arriver à une exécution parfaite; mais vous ne garderez le modèle que pour mieux rendre votre impression première.

Pour le choix.

Qu'il émane toujours de vous; il n'y a que ce que l'on comprend que l'on peut bien faire.

Déjà vous avez pris des habitudes de style et d'élégance, la bonne compagnie vous est nécessaire; vous avez senti que la beauté de l'expression n'étoit pas une entrave, et que devenant, par son élévation même, plus délicate et plus forte, elle rendoit d'autant mieux la vérité.

Retourner à la laideur, au vulgaire, vous seroit impossible au point où vous êtes; vous ne pouvez que bien choisir, et vous pourriez dire comme mon brave paysan : Ne nous donnez que de belles choses, nous nous y habituons.

Je reviens ici sur un principe élémentaire qui joue un bien grand rôle dans l'art du dessin :

Je veux parler des valeurs.

Le mot valeur, comme nous l'employons, s'applique plutôt au dessin qu'à la coloration. La valeur est la plus ou moins grande intensité d'une teinte; aussi dit-on valeur forte, valeur foible; au peintre, on dit aussi : Observez vos valeurs et vos colorations. Les colorations sont les tons différents comme le rouge, le vert, le bleu, le jaune; mais ces couleurs peuvent être plus ou moins foncées. Nous désignons alors cette différence par le mot valeur.

La coloration par la juste observation des valeurs est peut-être la plus belle; et si ce n'est la plus belle, c'est au moins la plus distinguée. Rembrandt est coloriste par la beauté de ses valeurs, comme Rubens l'est par la richesse de ses colorations.

Mais ne nous écartons pas du dessin. Rembrandt, par ses valeurs, arrive à des colorations admirables; puis, toujours avec du noir et du blanc seulement, il rend la lumière. Quelle merveille avec des moyens si bornés, de rendre la couleur et la lumière! Rubens, lui, dans son appétit des colorations, trouve le moyen, avec le noir, de donner une assez juste idée du rouge, du bleu, etc. Tant il est vrai que le génie trouve toujours le moyen de manifester ce qu'il sent, ce qu'il aime.

Un jour, je fus étonné des résultats que donnoit la comparaison des valeurs entre elles, et jusqu'où l'on pouvoit s'égarer en ne les observant pas.

Un jeune Allemand vint dans mon atelier pour, disoit-il, se perfectionner dans son art; il avoit fait, au débotté, un dessin avec une grande habileté de main.

Je lui fis compliment de son adresse; mais, en même temps, je lui dis qu'il ne copioit pas son modèle et que je verrois, avec bien du plaisir, son talent mis au service de la nature.

— Mais, Monsieur, me dit ce jeune homme, j'ai copié, je vous assure, avec la plus grande exactitude.

— Vous croyez ; regardez bien ?

— Oui, Monsieur, j'ai bien regardé.

— C'est possible, et, tout en lui parlant, je retournois son dessin.

— Avec qui avez-vous étudié en Allemagne ?

La conversation continua..... puis, regardant le modèle qui posoit, je lui dis :

— Vous avez là un superbe modèle, belle forme, belle couleur, n'est-ce pas, qu'en pensez-vous ?

— Oui, Monsieur.

— Voyez donc comme la poitrine est inondée de lumière ; c'est évidemment ce qu'il y a de plus clair sur tout son corps.

— Oui, Monsieur.

— En êtes-vous certain ?

— Oui, Monsieur.

— Alors, montrez-moi ?

— Tenez, me dit-il, en me désignant la

partie la plus lumineuse, c'est évidemment là
que se trouve le point le plus brillant.

— Je veux bien vous croire, et je vois,
avec plaisir, qu'à une main habile vous joignez
un bon jugement ; disant cela, je remettois son
dessin en vue. Décidément vous avez une perception délicate des valeurs et vous pourrez me
rendre de grands services. Voyons, là, sur votre
dessin, quel est le point le plus lumineux ?

Ne voyant pas où je voulais en venir, il me
répondit naïvement qu'il étoit placé sur le
genou.

— Ce n'est pas possible.

— Si, Monsieur, permettez-moi de vous
faire remarquer que, si on compare ce clair
avec les autres clairs du dessin, celui-ci est évidemment le plus vif.

— Eh bien, alors, pourquoi votre lumière
n'est-elle pas placée comme dans la nature?
Vous voyez très-bien qu'elle est sur la poitrine
et vous la mettez au genou; pourquoi pas au
talon? et vous dites que vous copiez exactement
votre modèle ; vous me permettrez de vous dire

à mon tour que vous n'avez fait aucune attention à vos différences de lumière.

— C'est vrai, je vois maintenant que pour mes lumières, je.....

— Très-bien, on peut se tromper; et je retournai encore son dessin... Vous avez de grands artistes, en Allemagne, Owerbeck, Cornelius, Kaulbach, de beaux talents..... Oh! voyez donc, dans ce moment, comme le modèle s'éclaire bien! quel éclat, quelle vigueur dans les ombres! Mais, regardez cette chevelure, c'est comme du velours; et les ombres de la tête, comme elles sont transparentes et fortes, cela rappelle Titien, ne trouvez-vous pas? Ces cheveux crépus, mats, le sang qui se porte à la tête et au col, tout cela est d'une couleur superbe et l'emporte de beaucoup sur tout le reste. Qu'en pensez-vous? Si nous retournions votre dessin pour voir si vous avez bien rendu ce que nous admirons ensemble. Voyons! tiens, c'est singulier, vous avez encore oublié cela.

— Oui, Monsieur, je le vois maintenant.

— Vous voyez que votre tête est incolore et

donne l'idée d'une figure de papier mâché, et
que vous avez fait pour vos ombres les mêmes
fautes que pour vos lumières. Comparez maintenant vos distances entre elles : chez votre modèle,
le haut du corps l'emporte de beaucoup sur le
reste et lui donne une physionomie particu-
lière ; dans votre travail, vous ne comparez rien,
absorbé par le détail, vous ne voyez que lui ;
dessinant une partie, vous oubliez le reste et
vous allez toujours.

Vous me faites l'effet de ces gens qui se font
bander les yeux pour marcher droit sur un
long tapis de verdure ; n'ayant plus, pour les
diriger, la comparaison et la vue, ils vont tout
de travers, à la grande joie de ceux qui les
regardent.

Je voulois revenir sur cette question des valeurs, si importante, si grave dans ses résultats.

Vous voyez maintenant que cela fait voir,
mais vraiment voir, donne déjà un bien bel art.

Je crois vous avoir fait suffisamment sentir
les différentes qualités du dessin, dessin exact,

vrai, dessin de choix, dessin tamisé par les règles de l'art antique.

Voilà ce qu'il faut savoir, voilà ce qu'ont su tous les grands artistes.

Dans les talents qui paroissent les plus éloignés des fortes études, vous trouverez la trace de ce que je vous enseigne.

Quelques-uns semblent y échapper; est-ce bien certain qu'ils y échappent? Je n'y crois pas; seulement, la force de leur personnalité fait disparoître ce qu'ils prennent à la tradition.

Je n'ai pas encore tout dit sur le dessin; la division nécessitée par l'enseignement me retient et me fait craindre de sortir de mes limites; mais bientôt nous aborderons la philosophie de l'art. Libre de toute entrave, je vous parlerai de mes dieux. Comme un vrai gourmet, je garde cela pour la bonne bouchée.

DU PORTRAIT

———

L'art antique avoit des règles immuables, on pourroit même leur donner les noms de lois constitutives de la beauté.

Je vous ai déjà parlé des divisions invariablement reproduites dans les visages grecs, il est inutile que j'en parle ici, puisque je les décris plus haut.

Votre modèle n'a pas la construction antique, c'est ce qui arrive souvent; le front forme avec le nez deux lignes bien différentes; entre l'œil et le sourcil vous avez une distance énorme, la bouche s'éloigne du nez et, enfin,

4

vous trouvez un menton fuyant. J'ajoute encore pour compléter la dissemblance : des oreilles plates, un col petit et maigre, et le tout raviné par des rides ou par d'autres causes.

Tout cela n'est pas beau, et vous avez plus que jamais besoin des règles que je signale (page 48); faites faire à toutes vos formes, à toutes vos lignes, un travail ascensionnel vers ce qui constitue la beauté, tout en restant cependant dans les limites du vrai, et vous obtiendrez un portrait ressemblant qui, à l'étonnement de tous, excepté pourtant celui que vous aurez représenté, semblera beaucoup moins laid que le modèle.

Il y a, dans la nature, je vous l'ai déjà dit, « des côtés pleins de charme, ce sont les côtés » physionomiques. Ces traits, ces formes qui » donnent aux êtres un caractère particulier, » ce sont de ces saveurs qu'il faut respecter, » qu'il faut même développer; et vous pouvez, » sans crainte, allier ce développement aux » corrections faites dans le sens de la beauté » constitutive. »

Gardez-vous bien de donner à vos portraits des poses théâtrales ; soyez simple, modeste, dans vos poses comme dans vos expressions ; nous vivons dans l'intimité du portrait que nous regardons. Ses gestes, ses airs de tête ont un langage pour nous ; il faut que toutes ces choses soient sympathiques ; le moyen d'y parvenir, c'est de donner avant tout un air de bonne compagnie à celui que vous représentez.

La femme vous dirigera, laissez-vous conduire. Elle sait ce qu'elle est, elle connoît les qualités physiques qu'elle possède. Dans l'espace d'une heure, se trouvant en face de son peintre, elle aura su montrer, mettre en évidence les beautés de sa personne ; elle aura su prendre les expressions qui lui sont favorables. Profitez de cette première heure, ne l'oubliez jamais. Si vous paroissez indifférent, votre modèle féminin changera ses batteries, fera tout pour captiver votre attention et votre admiration ; la première heure elle avoit ses vraies grâces, plus tard, ce sont des efforts faits pour vous séduire et presque toujours en dehors de sa nature. Si,

au contraire, vous paroissez sensible à ses premières avances, elle s'épanouira dans son naturel et sera adorable.

Née pour plaire, elle ne s'arrête que lorsqu'elle a vaincu.

Si elle possède des traits irréguliers, elle fera
disparoître ces défauts par une physionomie
vive, enjouée; des gestes gracieux lui serviront
à voiler ses imperfections; si la chevelure est
abondante, soyeuse, si les dents sont étincelantes, de beaux éclats de rire, bien justifiés,
vous feront voir toutes ces merveilles; et d'ailleurs, elle s'est si complétement oubliée dans
sa joie, que la chevelure s'est détachée et qu'il
est nécessaire d'en réparer le désordre.

Cette coquetterie est la fonction d'un véritable
artiste; ce qu'elle fait voir, ce qu'elle montre,
ce qu'elle met en évidence, c'est ce qu'il faut
voir, c'est ce qu'il faut montrer, c'est ce qu'il
faut mettre en évidence.

Mais, direz-vous, un portrait ne cause pas,
n'agit pas comme un être vivant, et d'ailleurs,
les traits sont les traits il faut les reproduire.

Moi je vous dirai, à mon tour, ce qui charme, charme ; cette femme si vive, si enjouée me paroit charmante, je dois la rendre charmante comme je l'ai vue, comme elle m'a impressionné. Si, au contraire, j'impose l'immobilité à cet être gracieux, il a, pour première disgrâce, la douleur de se découvrir dans ses côtés défectueux; il s'ensuit un mouvement d'humeur qui augmente encore sa défaite. Ajoutez l'ennui de la pose, la fatigue, la pâleur qui en résultent; alors, moi, peintre, irai-je copier mon modèle dans ces conditions? Non, cent mille fois non, car cette femme ne se ressemble plus, et l'artiste doit avoir assez de goût et de talent pour rendre la vraie femme que l'on connoît, que l'on admire, et oublier, au moins dans de certaines limites, le souffre-douleur qui pose.

On dit que le sommeil est l'image de la mort; dans le vrai sommeil, moi, je trouve de l'abandon, de la grâce; mais, dans celui qui pose, je vois la vraie mort embaumée par le procédé Gannal.

4

Le peintre doit causer avec son modèle, l'animer le plus possible et bien se garder d'exiger de lui l'immobilité.

La seule chose à craindre est la trop bonne volonté de celui qui pose; désireux d'avoir un bon portrait, il fera tout pour sa réussite; vous n'avez à combattre qu'un désir trop dru, une bonne volonté nuisible : rassurez votre modèle, animez-le le plus possible.

Savoir causer avec son modèle est un des talents du peintre de portrait; je vous disois, comme principe élémentaire, qu'il falloit un quart d'œil pour son dessin et les trois autres quarts pour regarder la nature. Pour le portrait, je vous dirai : Habituez-vous à diviser vos forces, faites de vous deux hommes; que l'un reste peintre, que l'autre parle, chante, anime, il a la garde du modèle, comme le chien du berger celle de son troupeau; il doit surveiller, ramener, rabattre le rire lorsqu'il se perd, il se fera bouffon pour exciter la gaieté; pendant ce temps, que l'autre moitié de vous-même (je parle de la moitié peintre) ne perde pas une seconde; travaillez sans relâche, car vous n'oublierez pas que la rapidité dans l'exécution d'un portrait est un élément de succès.

Ceci me rappelle une anecdote que je vais vous raconter, où j'ai mis ces principes en usage.

BÉRANGER

On me poussoit à faire un portrait de Béranger
je m'en souciois peu. J'avois une grande admiration pour son talent et pour son caractère; je
craignois que la vue, la connoissance de sa personne ne diminuassent l'idéal que je me faisais de
lui. Au reste, j'ai toujours eu cette avarice dans
les sentiments qui me sont chers, je n'aime pas
à les exposer; je les concentre en moi, je ne
veux pas les soumettre aux critiques, aux souillures; enfin, je suis un Arabe terrible à l'égard
de certaines idées; je les voile, je les enferme
dans mon sérail intellectuel, souvent même je

me suis déguisé pour les mieux défendre : je
me plais à montrer un être qui n'est pas ce que
je suis véritablement, pour éloigner les indis-
crets ; j'épaissis mon individu, ou mes murailles,
si vous l'aimez mieux, pour garantir mes chères
pensées.

Il falloit risquer le plus beau joyau de ma
couronne : mon Béranger! cette sublime intelligence unie à tant de simplicité. Il est si bon
de se reposer la vue sur une chose vraiment
belle, fatiguée et souillée qu'elle est, par le
spectacle que nous donnent les coquins de ce
monde !

Enfin, une lettre charmante de Madame Sand
qui devoit me servir d'introduction, me décide,
je pars et j'arrive rue d'Enfer.

Je demande au concierge M. Béranger. —
Au fond de la cour, l'escalier à droite. Je me
dirige vers cet escalier, je monte ; je suis bientôt arrêté par une porte, je frappe ; des pas
traînants se font entendre, un vieillard paroît
enveloppé d'une robe de chambre grise et
d'étoffe commune.

— M. Béranger?

— C'est moi.

En me répondant il tenoit sa porte et ne laissoit qu'une petite ouverture.

— Que voulez-vous?

Il m'auroit été facile de lui présenter ma lettre d'introduction; mais j'avois eu la mauvaise pensée de la garder. C'étoit un autographe précieux, signé d'un nom bien célèbre, il me jugeait dans des termes trop flatteurs; mais on s'accommode volontiers de ces exagérations. On y parloit de mon poëte aimé, c'étoit trop pour ne pas succomber. Je commençois à expier ma faute; je balbutiois quelques mots; je montrois le papier et le crayon que j'avois apportés pour exécuter mon dessin, car il falloit joindre le geste à la parole, tant la position du grand homme étoit hostile..... Hélas! ma défaite étoit complète, la porte se refermoit toujours..... — Non, Monsieur, me dit-il, cela m'est désagréable; on a fait des portraits de moi : dans le nombre, il y en a de parfaitement réussis, servez-vous de ces portraits et laissez-moi tranquille. La porte se refermoit encore, tout étoit perdu......

— Eh bien, M. Béranger, j'ai ce que je mérite, j'ai fait une mauvaise action; je devois remettre une lettre, je l'ai gardée. J'ai cru, tant ma vanité étoit grande, que je pouvois me présenter sans appui et commettre ce petit larcin; j'en suis puni et c'est justice.

Je me retirois honteux et confus..... la porte s'ouvre.

—Comment vous appelez-vous?

Je revins sur mes pas pour lui répondre.

— Je me nomme Couture.

— Vous n'êtes pas Couture, des Romains de la Décadence?

— Si, Monsieur.

Je me sentis prendre par mon gilet, attirer violemment, puis j'entendis la terrible porte qui se fermoit; mais pour cette fois, j'étois dans l'intérieur et collé au mur près de l'entrée.

— Vous, Couture, est-ce possible? vous, si jeune; mais, qu'allois-je faire? j'allois vous mettre à la porte.

— C'était déjà fait; monsieur Béranger.

— Mais vous ne savez donc pas que je vous adore; mais vous ne savez donc pas qu'un des rêves de mes vieux jours étoit d'avoir mon portrait fait par vous! Si je veux poser! mais je suis tout à vous.

Puis, me prenant par la main, il m'entraîne dans une seconde pièce et me présente à sa vieille compagne en disant :

— C'est Couture, et j'allois le mettre dehors!

Je fus profondément ému de son accueil. Lorsque nous fûmes un peu calmés de part et d'autre, je lui dis que je pouvois faire mon dessin chez lui, que j'avois apporté les choses nécessaires et que je serois heureux de lui épargner un dérangement toujours pénible. Il ne voulut rien entendre, se mit à ma disposition, voulut mon jour et mon heure, et au jour et à l'heure convenus, il étoit chez moi.

Ce n'étoit pas une petite affaire, pour un vieillard, de venir de la rue d'Enfer à la barrière Blanche, où je demeurois. Aussi étoit-il fatigué; il me dit d'un air de bonté :

— Cher enfant, il faut que ce soit vous.....

Voyons, où me placerai-je? Si je dormois un peu, cela me feroit du bien, la course que je viens de faire est si longue.

J'approchai un fauteuil; il s'y plaça et s'endormit....

Je marchois avec précaution dans mon atelier pour ne pas le réveiller; puis, je m'approchai pour bien le regarder pendant son sommeil. Il avoit un vaste cerveau; par sa dimension, par sa forme, on comprenoit la grandeur de cet esprit. Le bas du visage sembloit en désaccord avec la partie supérieure : ici la force, la majesté, plus bas toutes les bonhomies du brave homme; du reste, l'âge avoit affaissé ses traits, et je reconnoissois difficilement le Béranger connu par ses portraits. Ma tâche devenoit pénible, rester dans la réalité, donner au public l'image d'une intelligence presque éteinte, n'étoit pas ce que je voulois; comment faire? Je faisois ces réflexions, lorsqu'il se réveilla. Je le regardai quelque temps, sans déplacer ma vue et je vis ses paupières supérieures se relever à tour de rôle et tomber successivement sur les yeux. Que faire ? que devenir ? Si encore ses chairs s'étoient replacées de même; mais non, comme de vieilles draperies amollies par l'usage, elles prenoient des formes toujours variées; même dépression, même fragilité dans les autres traits de la figure; ils rouloient affaissés sur eux-mêmes, je me sentois perdu..... Allons, ne désespérons pas, essayons.... Voici mon moyen.

— Monsieur de Béranger, connoissez-vous l'air nouveau composé pour votre Vieux Caporal?

— Non, me dit-il, on est venu chez moi pour me le chanter; ils étoient plusieurs, ils avoient, disoient-ils, un piano dans une voiture. Comme j'ai choisi mes airs moi-même et que je doute que l'on choisisse mieux que moi, je ne veux pas encourager ces empiétements sur mon travail. C'est ce qui fait que je n'ai pas voulu les recevoir.

— Je sais comment vous ne recevez pas les gens; eh bien, permettez-moi de vous dire que vous avez eu tort, car l'air composé pour la chose même me paroît bien plus dramatique que celui que vous avez choisi ; comme les circonstances nous favorisent, sans que vous ayez à vous déranger, je vais vous chanter *le Vieux Caporal*..... et je chantai.

— Oui, vous avez raison, c'est très-bien ; chantez-moi donc le second couplet..... Mais c'est charmant, chantez-le moi tout entier, j'aime à vous entendre chanter.

A la fin de la chanson, ses traits avoient changé, les paupières se maintenoient et laissoient voir des yeux vifs qui sembloient être les lumières de cette belle intelligence. Je le maintins dans ce milieu qui le rajeunissoit, lui faisant faire un retour sur le passé, je lui parlois de Manuel, son ami. Oh! alors, c'étoit une véritable résurrection! Nous étions en 1850, par le souvenir il retournoit aux luttes de la restauration de 1820, trente années de différence ; eh bien, je les ai vues disparoître comme par enchantement, j'ai vu renaître ce génie! Il se levoit, marchoit, revenoit s'asseoir, me parloit d'eux, les deux cent vingt et un, comme s'ils étoient encore là ; les flèches à Charles X, le but atteint, les applaudissements de la foule, il me sembloit tout entendre. Béranger étoit devant moi, je n'avois plus qu'à copier !

Je vis renaître un trait caractéristique qui, depuis longtemps, avoit disparu des lèvres du vieillard, c'étoit, si je puis m'exprimer ainsi, un rire siffleur ; il avoit des mouvements semblables à l'oiseau, il penchoit la tête et paroissait écouter celui auquel il devoit répondre ; caustique, railleur, mais tout cela enveloppé dans une bienveillance sans bornes. Il disoit en voyant mon dessin.

— J'ai l'air d'un brave homme, là-dessus.

Puis, me poussant du coude, il ajouta :

— Un brave homme auquel il ne faut pas trop se fier.

Je n'ai pas résisté au désir de raconter une anecdote sans doute trop flatteuse pour moi ; mais réflexion faite, j'ai été tant tourmenté par les imbéciles, qu'il est excusable à moi de m'applaudir des suffrages d'un bon esprit.

. . . .

Je vous vois surpris, vous vous demandez si je sais bien où je vais, et vous hésitez à me suivre.

Il est donc nécessaire de vous donner quelques explications.

Vous avez remarqué qu'avant tout, je désirois l'ordre dans ce que j'appelle mon enseignement, et que je ne veux rien devancer, c'est pourquoi je dois m'arrêter ici, pour vous laisser méditer sur ce que vous connoissez déjà, et vous disposer en même temps à bien comprendre ce que je vous enseignerai plus tard. Mais j'espère aussi que vous vous êtes aperçu que j'attachois peu d'importance à ce que l'on nomme règles et que je les sacrifiois volontiers pour l'expression des sentiments naturels.

L'esprit ayant ses lois d'équilibre comme la matière, on peut dire que le sentiment n'est autre chose que la règle à l'état de grâce.

Un bon esprit trouvera dans la règle une consécration de ses aspirations, et sentiments et règles s'uniront pour devenir une force en lui.

Mais ne nous égarons pas dans des subtilités que vous ne pourriez pas comprendre.

Je me contente de vous dire que vous avez à réfléchir sur ce que je vous ai enseigné ; pour cela il faut du temps, employons-le, ce temps, à mieux nous connoître et courons ensemble les aventures; étudions ce monde pour le bien peindre, et gardons-nous de ressembler à ces praticiens, qui ne montrent dans leurs tableaux que des amas de bons hommes, ou ne représentent que des rengaînes pittoresques.

N'oublions pas que pour nous les hommes sont des mots, qu'il faut que ces mots ou ces hommes expriment des idées, et efforçons-nous de mériter par la beauté de nos pensées le titre d'artiste.

A *propos de portraits.*

J'ai bien envie de vous en tracer quelques-uns avec la plume, j'y suis poussé par plusieurs raisons : d'abord, parce que je ne dois pas le faire, je vais sortir de mon sujet, c'est sans doute une faute ; mais pourquoi n'auroit-on pas en littérature, comme dans toutes les choses du monde, des entr'actes, des repos? Et puis, ce que j'écris, ce n'est pas de la littérature, c'est une simple causerie; je retrace mes pensées pour ceux qui m'ont connu et qui retrouveront dans ce singulier livre nos entretiens d'atelier. Nous sommes déjà loin de ce temps où, réunis ensemble, nous rêvions un art national, patriotique, chaleureux; nos idées nous sembloient si justes, si pratiques, que nous ne doutions pas de leur succès. Que voulions-nous? peindre nos mœurs, nos passions, nos femmes, nos enfants, nos sentiments; c'étoit bien simple, hélas! c'étoit trop simple, cela pour beaucoup n'étoit pas sérieux. Le sérieux! savez-vous ce que c'est? c'est un assemblage de certains sujets, toujours les mêmes, qui compose ce bagage; il va sans dire que le naturel en est exclu. Si j'avois le temps, je pourrois vous faire un petit catalogue fort utile, où je mentionnerois tous les sujets sérieux; quand je dis, si j'avois le temps, je me trompe, ou pour mieux dire, je vous trompe; car sincèrement, j'ai horreur de ce que l'on appelle la peinture sérieuse; il faut dire aussi que j'ai eu du malheur pour ce que l'on appelle le sérieux. Mon père, homme capable, vouloit m'instruire et me faire comprendre la belle littérature dite sérieuse. Il me lisoit des livres qui, pour donner l'âge d'un individu, passoient en revue le ciel et la terre ; puis, il me demandoit ce que cela signifioit. Comme je n'avois pas la clef de ces belles choses, je répondois naïvement que je n'y comprenois rien, ce qui désoloit mon pauvre père. Je recevois bien quelques corrections pour activer mon intelligence ; l'esprit n'y gagnoit rien, mais le souvenir des punitions est resté. Plus tard, en désespoir de cause, on a fait de moi un peintre. Falloit-il au moins que je fusse peintre sérieux ! Me voilà sur les bancs de l'Académie ; malheureusement, j'étois né artiste. Mon bonheur, je le mettois à chercher, à reproduire les objets de la nature, la lumière, la vie ; mais je sus bientôt que mes instincts étoient mauvais et surtout qu'ils étoient loin d'être sérieux, mais avec du travail et du temps, j'appris ce qu'il est bon de savoir pour prendre rang ; je concourus pour Rome et j'obtins un second premier grand prix. Il avoit été sérieusement question de me donner le premier, mais j'étois jeune, j'avois vingt ans, je pouvois attendre. J'allai , comme c'est l'usage, rendre visite à mes juges, je fus félicité ; ma peinture, disoient-ils, donnoit des espérances ; mais je manquois encore du vrai style académique ; enfin, je n'étois pas suffisamment sérieux. Ils me firent voir leurs peintures, me donnèrent sans doute d'excellents conseils que je ne comprenois pas, ma mauvaise nature s'y opposant ; et, s'il faut l'avouer, je dirai que leurs personnages bibliques me faisoient l'effet d'affreux Turcs. Je me trompois sans doute, mais que voulez-vous, l'organisation n'y étoit pas, il falloit quitter. C'est ce que je fis ; mais c'étoit un parti de désespéré dans lequel il étoit bien difficile de parvenir.

Je vous parlois tout à l'heure d'un catalogue pour les sujets sérieux. Il est fait, ce catalogue, il est imprimé dans le cœur de tout bon Français qui se dit toujours, en voyant une peinture : « Voyons, ça] n'est pas historique, ça n'est pas religieux; je ne vois pas là les Turcs traditionnels; ce n'est pas à moi qu'on en fera accroire ! je les connois depuis trop longtemps pour m'y tromper. Je ne vois pas là non plus les sujets dits poétiques que l'on a l'habitude de reproduire en peinture, donc ça n'est pas sérieux. » Il se détourne et il fait bien; sans cela, à quoi serviroit une bonne éducation? Vous le voyez, je jouois de malheur; je ne pouvois pas compter sur mes concitoyens, ils étoient trop instruits.

Heureusement pour moi j'eus l'appui de quelques étrangers, je me mis à faire aussi quelques toiles pour des marchands de tableaux, je n'étois pas le seul, j'avois été précédé par quelques artistes. Il y avoit parmi ceux-là un nom que je me rappelle, un nommé Decamps, qui avoit été refusé plusieurs fois dans nos expositions, mais qui, malgré cela, avoit, je le trouvois du moins, un certain génie. Je devois me tromper, car je me rappelle qu'un de nos camarades académiques disoit : Si je ne puis pas faire de la peinture sérieuse, je ferai de la peinture comme Decamps ; heureusement pour lui il a réussi. Je le nommerois si je ne craignois de lui faire tort; une foiblesse, même éloignée, pourroit nuire à son prestige d'académicien.

Enfin, je me suis obstiné dans des idées sans doute mauvaises ; j'ai fini par croire que j'étois convaincu; et les guides académiques qui pouvoient me sauver, je les avois pris en horreur à tel point que je ne voulois plus voir ces Grecs, si joliment dessinés, qui me faisoient l'effet d'être empaillés ; même le tableau religieux m'étoit odieux.

J'aurois dû trouver au fond de mon cœur des sentiments chrétiens pour me retenir, ou pour mieux dire, me ramener à de meilleures pensées. Eh bien, non, la pente étoit fatale ; je m'y laissai glisser, et je trouvai de plus en plus horrible ce que j'aurois dû admirer.

Heureusement que l'on a mis bon ordre à une peinture qui pouvoit devenir un scandale (je veux parler de la mienne). Les anciens faiseurs de Turcs bibliques se mouroient, on a eu le bon esprit de prendre des vieux tout jeunes qui continueront cette belle tradition française. Il eût été fâcheux, vous l'avouerez, de voir disparaître les troubadours avec lesquels nous avons été bercés, et ces fameux Grecs français que moi, qui vous parle, je finirai par comprendre un jour.

Cependant, je désespère ; je vous disois que j'étois devenu hydrophobe à l'égard de la peinture académique et que, pour être calme, je fuyois les lieux où je pouvois la rencontrer ; mais, ne fuit pas qui veut, vous allez voir.

J'habitois le quartier Saint-Georges, j'étois loin du nid sérieux. Si par hasard il se trouvoit un fabricant de Turcs bibliques, lorsqu'un Saint Polycarpe quelconque sortoit d'un atelier, on le faisoit couvrir d'une toile et tout étoit dit. Pour moi, j'étois tranquille, à tel point que je croyois que ce bel art n'existoit plus.

Mais j'avois compté sans nos monuments publics, nos maisons nouvelles qui ont des statues qui représentent :

Les différentes villes ;

Les différents arts ;

Les différentes industries ;

Les différentes passions ;

Les différents métiers ;

Qui sont toujours représentés par la même figure : celle de l'Apollon du Belvédère,

Qu'on habille en homme ;

Qu'on habille en femme ;

Qu'on habille en jupon court ;

Qu'on habille, etc., etc.

Quelle rage pour le pâté d'anguilles ; je ne puis m'y faire. C'est une foiblesse chez moi, car je vois les plus simples citoyens s'en accommoder. Si l'un d'eux perd son nez, il en achète un beau en argent ; il va sans dire qu'il a la forme de celui de l'Apollon, et celui qui s'en pare paroît fier de posséder un nez sérieux.

Moi, je trouve qu'un nez, fût-il d'or, ne vaut pas un pauvre petit nez de chair, mais cela vient sans doute de ma mauvaise organisation.

Revenons à nos portraits maintenant : je vous ai parlé des lois constitutives de la beauté, je vous ai même parlé du Jupiter Olympien ; mais n'allez pas, comme ces messieurs, me mettre à tout propos de mauvais masques antiques à la place des figures que vous aurez à reproduire, faites faire à vos lignes, à vos traits une marche ascensionnelle vers les lois fondamentales de la beauté, en respectant la nature.

Restez naïfs, restez vrais!

Appliquez ces règles de la beauté qui sont excellentes, mais avec délicatesse.

Imitez le chien de la fable, n'en soyez jamais l'âne.

RETOUR SUR MES JEUNES ANNÉES

Je ne veux pas me poser comme un déshérité social, je n'en ai pas le droit d'ailleurs, car par mon père, homme intelligent et instruit, je pouvois prendre part aux bienfaits de l'instruction. Mais je ne comprenois rien par les livres, il n'y avoit qu'un langage compréhensible pour moi, c'étoit celui des images. N'ayant aucune idée de ce qu'étoit le dessin et désireux de reproduire ce qui me charmoit, je découpois avec des ciseaux la silhouette de ce que je voulois rendre; vivant au milieu d'ouvriers indifférents aux choses d'art, on ne faisoit aucune attention

à mes amusements d'enfant. Un jour, mon père
vit un homme, artiste ambulant, qui découpoit
des portraits à la grande admiration de tous
ceux qui le regardoient; alors mon père dit :

— J'ai un petit garçon qui fait de ces
choses-là.

Notre artiste se mit à rire et le plaisanta
sur son orgueil paternel.

— Je puis me tromper, ne connoissant rien à
ces choses; mais si vous voulez bien me con-
fier une de vos découpures, je ne serai pas long
à vous en rapporter une autre parfaitement semblable.

Mon père me montra le pantin, et à l'instant
même je fis une reproduction exacte de mon
modèle. On ne voulut pas croire que c'étoit l'ouvrage d'un enfant, on me fit venir et j'exécutai
avec une grande dextérité tout ce qui m'étoit
présenté. Le charlatan fut surpris. J'étois pour
lui un phénomène, il falloit faire de moi un artiste, me montrer, me faire découper des figurines sur les places publiques; mon père coupa
court à son exaltation en me ramenant à la

maison. Cependant cette petite scène avait éveillé l'attention sur mes aptitudes, on m'avoit acheté des modèles, donné des couleurs et des pinceaux, mais je préférois toujours reproduire ce qui vivoit et mes modèles restoient délaissés. J'étois devenu le peintre de mes petits camarades, je leur dessinois des bonshommes; ceux mis en couleur avoient le plus grand succès; on se les disputoit, on me faisoit les offres les plus brillantes : celui-ci une toupie, cet autre des billes; enfin, grâce à mes petits bonshommes, j'avois tout ce qu'un enfant peut désirer. J'avois aussi mes préférés, ceux qui paroissoient mieux comprendre ce que je faisois, je leur donnois ce que je considérois comme mes meilleures pièces. Aussi en échange de cette préférence, ils me protégeoient dans les circonstances difficiles, et j'étois si bien défendu que j'étois à l'abri des mauvaises aventures.

Un jour qu'on étoit allé à la maraude, on revenoit joyeux, j'avois ma part dans ma petite blouse, lorsque nous vîmes, près d'une des anciennes portes de la ville, des peintres paysagistes qui dessinoient cette porte. Nous nous approchâmes pour les regarder peindre : un de mes camarades, un de mes amateurs les plus chauds se mit à dire :

— Eh bien, vous n'êtes pas plus malin que le petiot Thomas.

— Qu'est-ce que le petiot Thomas?

— C'est ce petit-là.

— Ah! bah, tu dessines, petit?

— Oui, Monsieur.

— Veux-tu dessiner avec nous?

— Je veux bien.

— Voyons ce que tu sais faire?

Ils me donnèrent du papier et des crayons et je me mis à l'œuvre. Au bout de fort peu de temps, un de ces peintres quitte son travail et vient me regarder dessiner; il pousse un cri, attire l'attention des autres sur ce que je dessinois et les voilà disant :

— C'est extraordinaire! Qui es-tu, petit? Que fais-tu? que font tes parents?

Ces questions m'épouvantèrent; je savois que je venois de commettre une mauvaise action en

prenant des pommes, et je vis dans ces de-
mandes réitérées un commencement de châti-
ment.

— Laissez-le, disoient mes camarades, qu
n'étoient probablement pas plus rassurés que
moi.

— Mais nous ne voulons lui faire aucun mal,
viens! et ils m'entraînèrent par la main pour
me ramener chez mes parents.

Alors mes compagnons s'envolèrent comme
une nuée d'oiseaux. Je ne pus contenir mes
larmes, et je me rappelle encore que tout en
marchant, je laissois tomber mes pommes une
à une, pour faire disparoître le corps du délit.
Je m'y pris si bien, qu'arrivé chez mon père,
il n'y avoit plus rien dans ma blouse.

Je sus plus tard qu'ils avoient proposé de
me prendre, qu'ils se chargeroient, disoient-ils,
de mon éducation et feroient de moi un peintre.
A quoi mon père répondit que, pour être peintre,
il falloit être instruit, connoître l'histoire et
plusieurs sciences : celle de l'architecture, l'anatomie et d'autres choses encore; que son enfant

n'avoit qu'une aptitude, celle de la reproduction; qu'en dehors de cela c'étoit une véritable buse; qu'il ne consentiroit jamais à en faire un artiste, sachant très-bien qu'il ne seroit qu'un peintre médiocre, mais qu'étant doué d'une remarquable adresse de main, il feroit de lui un excellent ouvrier.

Voilà comment s'est terminée cette aventure; mais ces artistes-là peuvent se flatter de m'avoir fait une fière peur.

Mon père voulut, en bon père qu'il étoit, se renseigner. Il me donna un maître de dessin. Il fallut étudier, dessiner des principes, faire des yeux, des bouches, des oreilles; cela me sembloit bien froid, bien laid, on me défendoit de faire ce que je faisois; c'étoit, disoit le maître, nuisible à la science. Adieu, belles fleurs! je ne causerai plus avec vous; adieu, belle nature! il faut vous quitter, le maître l'ordonne. Je fus pris de la nostalgie du naturel et, au bout de deux mois seulement, mon professeur de dessin décidoit que je n'avois aucune disposition et les leçons furent suspendues.

Je fus longtemps à me remettre de cette défaite. Du reste, j'étois jugé : c'étoit irrévocable! Il étoit à peu près décidé qu'on feroit de moi un horloger; mais j'étois stupide, il falloit bien réfléchir avant de faire les sacrifices d'un apprentissage. J'avois dix ans, je savois à peine lire, mais j'écrivois d'une façon merveilleuse; l'écriture étoit du dessin pour moi, les mots n'avoient point de signification, c'étoient simplement des broderies plus ou moins contournées. J'oubliois souvent des lettres, ce qui rendoit mes petits devoirs illisibles; et je me rappelle encore le regret que je ressentois, lorsque le bon frère de l'école chrétienne me corrigeoit, en ajoutant les lettres nécessaires à ma belle écriture dessinée.

J'eus le malheur d'obtenir le prix d'écriture, ce qui fit dire (je l'entends encore) : *C'est un âne de nature qui ne sait pas lire son écriture.*

J'étois humilié, je sentois qu'un jugement défavorable pesoit sur moi; je n'osois plus me montrer tel que j'étois, persuadé que ce que je pouvois concevoir étoit le contraire du bien.

Mais ce que je voulois surtout, c'étoit me ré-
habiliter auprès de mon père; je sentois qu'il
étoit capable, je voyois qu'il exerçoit un véritable
prestige sur son entourage; si je parvenois à
me faire bien juger de lui, tout étoit sauvé et
j'étois débarrassé du manteau de plomb qui
m'accabloit.

Que faire? que dire? Dire ceci..... mais le
premier venu le diroit..... dire cela..... mais
c'est trop simple, et d'ailleurs, je veux frapper
un grand coup!

Ah! j'y suis, j'ai trouvé; c'est très-bien ce
que je veux demander. Il n'étoit pas nécessaire
de fatiguer ma cervelle pour trouver une aussi
belle chose; mais après tout, on ne regrette
jamais ses fatigues lorsque l'on trouve.

Le lendemain de ma découverte, comme par
un heureux hasard, mon père m'avoit emmené
avec lui dans sa promenade autour de la petite
ville, le temps étoit magnifique, mon père paraissoit content; il ne me manquoit plus qu'un
endroit un peu solitaire pour lancer ce que je

voulois dire. Je le trouvai, cet endroit propice :
de grands arbres au-dessus de nos têtes, des
gazons émaillés de blanches marguerites sous
nos pieds, un beau soleil matinal diamantoit
tout cela ; je m'arrête, je regarde mon père d'un
petit air capable et je dis :

— *Papa, aujourd'hui est-ce demain ?*

Je regardois toujours mon père, il lâcha ma
main, prit son mouchoir et se mit à pleurer ;
puis, il interrompit brusquement sa promenade
et retourna à la maison. Son visage devoit
être bouleversé, car j'entendis ma mère qui lui
disoit :

— Mais qu'as-tu ? que t'es-t-il arrivé ?

Il répéta ce que j'avois dit, en se désolant
d'avoir un crétin pour enfant. Pour moi, j'étois
anéanti, je baissois la tête, et mon manteau de
plomb s'étoit augmenté d'une montagne.

Vous riez peut-être de ce que je raconte ? Eh
bien, je puis vous certifier que je n'ai jamais
éprouvé une douleur plus vive que celle que
j'ai ressentie en voyant couler les larmes de
mon pauvre père. J'aurois voulu être écrasé de

ses coups, c'eût été un soulagement pour moi ;
bien des années se sont écoulées depuis, et je
n'ai rien oublié de cette terrible scène.

Cette niaiserie d'enfant est bien souvent par-
tagée par des hommes qui, en art, en science,
demandent aussi : *aujourd'hui, est-ce demain?*

. . . .

J'avais un frère aîné qui mordait au latin ;
toute la sollicitude de mon père s'étoit reportée
sur lui : il l'enseignoit, moi, déshérité de la
science je m'approchois, j'écoutois; la voix de
notre père, adoucie par la bienveillance, m'ar-
rivoit comme un écho. Dans cette situation, je
pouvois ne pas comprendre, j'étois irresponsa-
ble; mon esprit s'apprivoisoit dans cette douce
quiétude, et je choisissois dans ce bagage scientifique ce qui me convenoit. Tout ce qui étoit
règle me déplaisoit, il y avait surtout un certain mot de *gérondif* que j'avais en horreur, et
de tout ce latin qui se présentoit à moi d'une
façon si déplaisante, je n'ai pu retenir que *rosa*

la rose, simplement parce que cela parloit de
fleurs et que je les ai toujours adorées.

Mais il n'en étoit pas de même pour toutes
ces histoires de Grecs et de Romains, je n'en
perdois pas un mot, j'y pensois nuit et jour, et
j'étois tour à tour, Coriolan ou Brutus, Alci-
cibiade ou Alexandre. Ne laissant rien paroître
au dehors, tout s'amonceloit en moi, et je devois un jour dépenser ce trop-plein de mes
petites pensées. Voici comment.

Il y avoit une pension composée de jeunes
aristocrates en herbe qui, par leur airs et leurs
quolibets, plaisantoient nos humbles rangs de
la doctrine chrétienne. Cela m'avoit outragé et
je voulus tirer une vengeance éclatante de ces
insultes.

Par suite d'une réparation faite à la toiture
de notre maison, une assez grande quantité
de lattes étoit restée dans le grenier; j'eus
l'idée de m'en emparer pour les donner à mes
camarades, et de nous en servir pour en frapper nos agresseurs; mais des lattes, de simples
lattes, cela me parossoit trop vulgaire et peu

6

en rapport avec mes sentiments héroïques.
Alors, avec une patience sans pareille, je les
transformai en sabres de différentes formes, et
je me rappelle que j'avois sculpté les poignées
avec un grand soin. Enfin, les armes étoient
prêtes, il n'y avoit plus qu'à les distribuer pour
marcher au combat. Le grand jour arrive, je
me place au bas d'une rue montante, mais
droite, ce qui me permettoit de voir nos rangs
dans toute leur étendue; puis, les bras pleins
d'armes, je me précipite au devant de mes
compagnons, je jette à leurs pieds mon fais-
ceau en leur disant : Marchons! On prend
mes sabres, on les trouve gentils, les bambins
s'en emparent pour les emporter chez eux, je
sens que je ne suis pas compris, je veux parler,
je veux trop dire à la fois, rien ne peut sortir
de mes lèvres; remplaçant alors par l'action mon
manque d'éloquence, je veux m'emparer d'un
de mes sabres, un plus grand que moi avoit le
même désir, comme c'étoit le dernier, il n'hésite pas à me l'arracher des mains; je résiste,
il me pousse, je tombe, Dieu sait comment, et

toutes mes illusions guerrières s'envolent avec mes sabres.

Peu de temps après, mon père vint à Paris, et je dus ma réhabilitation auprès de lui à une singulière aventure. Mon frère, qui était son bijou, son préféré, s'adressait toujours à notre père dans nos débats enfantins; sachant très-bien que c'était un tribunal qui lui était incessamment favorable.

Un jour que nous noircissions des galoches, nous eûmes une dispute, et poussé à bout par les préférences qu'on avoit pour lui, j'envoyois par la figure du Benjamin mon pinceau plein d'encre; à la vue de mon geste menaçant, il avait appelé notre père, ce qui fit que le pinceau qui était de très-forte dimension, lui mit dans la bouche une assez grande quantité de noir; heureux, dans son petit malheur, de conserver les preuves de ma mauvaise action, il continuait à crier, en se gardant bien de cracher ce qui devoit prouver mon crime.

Mon père arrive, il regarde son adoré barbouillé d'une singulière manière. Je m'attendais à une rude correction; mais j'avois pris mon parti en brave, je ne cherchois pas à pallier mes torts; au contraire! et je dis, en désignant ce qu'il paraissoit hésiter à avaler : Parbleu! ce n'est pas la mer à boire!

La vue de son grand dadais, ce que j'avois dit qui peignoit si bien sa situation, tout cela fit que mon père éclata de rire, et dit en me désignant à quelques personnes présentes : « Ce crétin a vraiment de l'esprit lorsqu'il est méchant. »

Ce n'était pas, comme vous le voyez, une réhabilitation complète; mais cependant, je sentis une grande différence dans sa manière d'être avec moi; et, dès lors, je balançois la puissance de mon aîné. Enfin, pour moi il se faisait un jour à l'horizon. On ne me jugeoit plus aussi défavorablement; il paraissoit même à peu près certain que je n'étois pas imbécile, et que, peut-être, on pourrait développer mon intelligence.

Mon père me fit voir le musée du Louvre, et

la première toile qui frappa mes regards fut le tableau des Noces de Cana, de Véronèse.

— Ah! père, les Noces de Cana!

— Non mon enfant, cela ne peut pas représenter les Noces de Cana, tous ces personnages portent des costumes du moyen âge, et tu devrais savoir déjà que le Christ est venu au temps de Tibère, empereur romain; que les Juifs qui étaient sous la domination romaine, portoient des tuniques et des manteaux, et que... Mais au reste, voici un Monsieur qui a un livret, je vais lui demander le sujet de ce tableau, et je te l'expliquerai. Après avoir demandé, on lui répondit que c'étaient les Noces de Cana. Tu as raison, me dit-il, mais le peintre a fait une grande faute en ne mettant pas les costumes du temps, et son manque d'instruction doit nuire à la beauté de son œuvre.

— Je ne sais pas, mais cela me paraît bien beau! Et, à sa grande surprise, je lui expliquai tous les tableaux du musée, et cela, sans me tromper, tandis que lui, si instruit, n'en reconnaissoit aucun.

Mon dessin étoit resté une passion pour moi ; la nuit, en cachette de mes parents, je me levois pour dessiner. Mon père, devant cette persistance, se décida à faire de moi un peintre. J'entrai à l'atelier des élèves du baron Gros, qui fut étonné de mon habileté de dessinateur et me dit :

— « Mais mon petit ami, vous dessinez comme un vieil académicien. »

Il faut dire aussi que me rappelant les enseignements de mon premier professeur, j'avois cru devoir lui présenter des académies poncives.

Je fis ce que je pus pour profiter des enseignements du célèbre maître, et j'ouvrois, je puis le dire, de grandes oreilles. Je ne comprenois pas, ou quelquefois croyant comprendre, j'appliquois fort mal ce qui m'étoit enseigné.

J'allois donc retrouver avec un grand homme les difficultés de mon professeur de province. Désespéré, je dis à un de mes camarades qui n'était pas plus heureux que moi dans ses études :

— « Si tu veux, après les séances du modèle, nous resterons à l'atelier, et nous nous enfermerons pour peindre à notre fantaisie. Je commencerai par ton portrait. »

Ce projet s'exécute, le portrait de mon ami s'achève, il le trouvait superbe ; il m'engagea à le montrer au *Patron*, mais je n'aurais pas voulu pour tout l'or du monde, montrer à mon maître une peinture qui ne me sembloit pas faite selon ses désirs. Un jour, jour de correction, tous les élèves travailloient dans un religieux silence, Monsieur Gros arrive, se dirige vers un point, en disant : « Oh! la belle chose! » Nous levons tous la tête, nous regardons ce qui avait attiré son attention, et moi, à ma grande surprise, je reconnais le portrait de mon camarade.

— Qui a fait cela? c'est admirable! je serois fier d'y mettre mon nom.

— C'est Couture.

— Ce n'est pas possible. Couture, est-ce vrai?

— Oui, Monsieur.

— Si vous continuez à faire de la peinture

comme celle-là, vous serez le Titien de la France.

C'était si exagéré comme éloge que mes camarades en firent des plaisanteries; elles étaient certes bien justifiées, car ayant eu un redoublement d'ardeur en voulant contenter mon maître, je ne faisois que des peintures détestables.

Depuis longtemps mon fameux succès étoit oublié, j'avois repris le rang d'un élève médiocre, je désespérois de moi, et je pensois qu'il vaudroit mieux prendre un métier que de continuer un art que je ne pouvois pas bien comprendre.

Je me mis à concourir pour le prix de la tête d'expression, fondée par Mouthyon, c'était une audace née d'un profond désespoir, et d'ailleurs, j'étois toujours heureux lorsque j'échappois à tout contrôle.

Notre maître disoit qu'il n'était pas récompensé du mal qu'il se donnoit pour ses élèves, et qu'il avoit la douleur de voir des professeurs plus favorisés que lui, et il nous fit une description des plus chaleureuses, en parlant de la peinture qui avait remporté le prix d'expression. Cette description me rappeloit un peu la tête que j'avois pu faire, mais je n'osois rien dire dans la crainte de me tromper ; un de mes camarades croyant aussi reconnaître mon travail, dit : « Mais c'est la tête peinte par Couture ! » On court à l'Académie et on apprend que j'avois remporté le prix.

Ce nouveau succès me rendit toute la sollicitude de mon maître ; mais aussi mon vif désir de le satisfaire me replongea plus que jamais dans la mauvaise peinture.

Enfin, je pris le parti de m'éloigner de tout enseignement et je fis alors des études qui eurent de véritables succès ; encouragé par ma réussite, je me présentai aux examens préparatoires pour le grand concours. J'attendois le résultat de la première épreuve, celle de l'esquisse composée, lorsque je vis mon maître sortir de l'école après le jugement. Il paroissoit chercher quelqu'un, il alloit aux différents groupes des jeunes gens qui attendoient leur sort.

Comme depuis quelque temps je m'étois éloigné de son enseignement, j'évitai de me laisser voir, mais je fus désigné, et, à ma grande surprise, je le vis se diriger vers moi. Il me prit et m'embrassa, en me disant : « Vous avez fait encore un chef-d'œuvre, et vous avez la première place. Allons, me dit-il, il faut me faire maintenant une belle figure peinte, écoutez-moi bien, revenez à l'atelier.» Le voilà me redonnant tous ses soins, et moi retombant dans les mêmes ornières. A la seconde épreuve je succombe, mais grâce à ma composition, je suis accepté pour le concours du grand prix. J'allois donc faire mon premier tableau. Lorsque je revis mon maître, il me dit : « mon cher enfant, laissez-vous aller à votre sentiment, j'ai remarqué que c'étoit votre meilleur guide, et que je vous troublois par mes conseils. » Ces paroles sensées qui auroient dû me rassurer m'épouvantèrent, je crus que le *Patron* désespéroit de moi et ne vouloit plus me diriger. J'eus recours dans cette grave affaire d'un premier tableau, aux avis d'un camarade, qui n'avoit pas les scrupules de mon professeur, et enfin, par ma niaiserie, je fis, je puis le dire, le plus affreux tableau qu'on puisse voir.

M. Gros en fut anéanti, je tombai sérieusement malade de désespoir, je fus souffrant longtemps et presque dans l'impossibilité de continuer mes études : ces cruelles épreuves devoient se compliquer encore de la mort de mon cher maître.

Deux ans après, je reparoissois dans les concours ; je fis, sans écouter personne, si ce n'est mon sentiment, un tableau qui obtint, je puis le dire, un succès véritable : on voulut me donner le prix de Rome.

On eut les yeux sur moi, je donnois les plus grandes espérances ; l'année suivante, Paul Delaroche me donna des conseils, je voulus les suivre, hélas ! ce fut pour mon malheur.

Enfin, fatigué de mes revers académiques, je quittai décidément les concours pour me livrer sans réserve à mes instincts.

J'ai cru devoir entrer dans ces longs détails, pour faire sentir combien certaines natures peuvent être troublées par ce que l'on appelle la science. Mais je me demande en même temps, si ces épreuves ne sont pas nécessaires, et si l'homme, lorsqu'il a quelque chose en lui, n'apprend pas mieux en se trompant.

Je ne puis me défendre d'un certain doute à cet égard.

Cependant, je penche fortement pour l'instinct, pour son développement, et je ne puis m'empêcher d'applaudir au bonheur de ceux qui échappent aux professeurs. Je suis de l'avis de Gros, en disant :

Nous sommes de grands sots, en voulant diriger la nature; pour nous, professeurs, notre seule action bienfaisante devroit être de ne pas l'entraver.

Continuons notre conversation.

Notre époque est grande, un peu barbare : il s'élève un monde nouveau, des appétits impérieux de premier ordre se manifestent, il faut les satisfaire. Je comprends parfaitement l'indifférence des administrations pour ce que l'on appelle l'art, qui n'est plus l'art du monde qui s'élève, mais celui d'un ancien monde qui, à l'état de guenille (je parle toujours de l'art) n'est même plus un hors-d'œuvre aujourd'hui.

Nous ne pouvons plus, nous ne devons plus de longtemps encore, compter sur les administrations qui ont, comme on le dit vulgairement, d'autres pois à écosser.

Recueillons-nous et voyons d'où peuvent venir nos forces.

Je vous ai promis des portraits, je vais vous en tracer un. C'est un type avec lequel nous avons à débattre nos intérêts; comme il fait partie de notre bagage, il est bon de le connoître.

Un jour, il se présente dans mon atelier un Monsieur.

— Bonjour, cher maître, je désire posséder une de vos œuvres.

— Hélas! je n'ai rien.

— Ce n'est pas possible; nous trouverons bien quelque chose.

7

— Non, je vous assure; au reste, je vous permets de chercher.

— Eh bien, cette jolie tête de femme.

— C'est vrai, c'est bien charmant, mais cela n est pas de moi.

— Qu'est-ce que ça me fait, me dit mon amateur moderne, signez-la-moi, je m'en arrange.

— Oh! oh! je ne fais pas de ces choses-là, mais vous pouvez acheter sans crainte, vous ferez une bonne affaire. Je ne ferois pas mieux et je vous demanderois une somme élevée, tandis que vous pouvez obtenir cette peinture pour peu d'argent; elle est faite par un de mes élèves qui, j'en suis certain, se fera un grand nom; tenez, il est là : c'est celui qui cause avec ce vieux Monsieur.

— Ah! vous croyez que c'est une bonne affaire; mais, il n'est pas connu, il n'est pas coté, vous m'avez parlé d'un prix qui me paroît trop élevé pour ses éventualités.

— Faites vos offres, peut-être obtiendrez-vous à meilleur compte.

— Jeune homme! jeune homme! c'est de vous, cette tête?

— Oui, Monsieur.

— Votre maître m'en demande un prix trop élevé ; mais si vous voulez me la vendre, je vous en donne cinq beaux louis d'or! Hein, jeune homme, c'est gentil, cinq petits jaunets..... Là, un, deux, trois, quatre, cinq, cela vous va-t'il?

— Oui, Monsieur, je vous la cède.....

—Je suis content, me dit cet amateur, en revenant à moi, je crois avoir fait un bon marché; alors vous m'assurez que ce jeune homme ira bien?

— Mais j'en suis certain, il est dans les meilleures conditions pour parvenir; il peut s'occuper exclusivement de son art, il a cinquante mille livres de rente.

— Cinquante mille livres de rente! Ce Monsieur a cinquante mille livres de rente! Ah! que je suis désolé d'avoir marchandé ce Monsieur qui a cinquante mille livres de rente! Que va penser de moi ce Monsieur qui a cinquante

mille livres de rente! Mais, me dit-il, si je l'ai
marchandé, c'est que j'ai cru que c'étoit un pauvre diable . . . .

Ne vous épouvantez pas de cette férocité de la
spéculation; c'est, au contraire, votre garantie.
Cette race s'interpose entre vous et le véritable
amateur, c'est le vendeur, celui qui vous dé-
barrasse des côtés vulgaires de votre art; avec
lui, vous pouvez discuter vos prix sans crainte,
il partira furieux par la porte, puis il reviendra
doux comme miel par la fenêtre. Vis-à-vis de vos
œuvres, vous ne seriez jamais satisfait, le sentiment profond de votre insuffisance vous feroit
déprécier vos tableaux; le prosaïque marchand
se transforme en renommée pour vous, c'est,
comme je le dis, votre garantie.

Autre portrait.

Il y a bien longtemps de cela, c'étoit vers l'année 1842, j'habitois un modeste atelier, passage
du Bois de Boulogne; j'avois exposé, l'année pré-
cédente, un tableau représentant un jeune Véni-

tion après une orgie; cette toile avait été re-
marquée, achetée, j'avois abandonné les concours, je cherchois mon appui sur le public.
Dès mon début il s'étoit montré bienveillant. Un
jour j'entendis frapper timidement à ma porte.
Après le mot ENTREZ, d'usage, je vis paroître un
personnage singulier; il était vêtu d'habits propres, mal faits, et qui sembloient être les chefs-
d'œuvre d'une portière inexpérimentée dans ce
genre de confection; il avoit de fortes chaus-
sures, et son pantalon, trop court, laissoit voir
des bas bleus auxquels on avoit ajouté des pieds,
car le haut du bas étoit continué par un bleu
plus pâle. Il portoit sous le bras un de ces
forts parapluies campagnards recouvert aussi
d'une toile bleue foncée; son chapeau à la
main, il restait comme fixé dans le cadre formé
par la porte ouverte, et sembloit ne pas oser
entrer; son air paraissoit si étrange que je le
considérai quelques instants : son visage étoit
pâle et trouble, sa tête couverte de cheveux
pauvres, il avoit des lèvres épaisses, la bouche
grande, des yeux petits et quêteurs; je remar-

quai encore du sacristain dans sa personne et du mendiant dans son type.

— « Monsieur, me dit-il d'une voix mal assurée, je serois heureux de recevoir vos conseils ; je viens voir si vous consentiriez à me prendre pour disciple?

J'avois fait l'inventaire de sa personne, j'étois ambitieux, devinant un embarras sans profit, je refusai assez brutalement.

C'étoit de ma part une mauvaise action, ce pauvre homme paroissoit tout contrit, il essuyoit son chapeau avec le parement de sa redingote brune, sa tête étoit baissée comme celle d'un condamné, alors voyant tant de modestie, je devinai que je pouvois m'en servir et je lui dis :

— Voulez-vous être mon rapin?

— Mais, Monsieur, cela seroit mon plus grand bonheur !

— Eh bien, lui dis-je, allez chercher vos affaires, et installez-vous! Il revint avec un chevalet en bois blanc, une petite boîte, deux tabourets, un modeste paillasson ; tout cela pauvret, mais propre comme sa personne. Je lui fis sa

leçon sur ce qu'il avoit à faire pour le bon en-
tretien de l'atelier ; habituellement nous prenons
de jeunes bambins pour cet office ; on peut
exiger d'un enfant des services qu'on n'oseroit
pas demander à un homme ; mais celui dont je
parle étoit si humble, il poussoit si bien à la fa-
miliarité, qu'on pouvoit tout lui demander.
J'étois content de ses services : mon atelier étoit
bien tenu, mes palettes étoient resplendissantes ;
il étoit très-attentionné, et si par hasard, un
pinceau s'échappoit de mes mains, il s'empressoit de le ramasser, me le remettoit et faisoit en
se retirant un beau salut, de ces saluts qui sont
enseignés par nos maîtres de danse de province.
La journée terminée, il me reconduisoit jusqu'à
mon logement, renouveloit son salut : un pas en
avant, trois en arrière et se retiroit respec-
tueusement. Au bout de quelques jours il me
dit d'un air toujours embarrassé :

— Mon cher maître, nous n'avons pas parlé
de ce que je vous devois pour vos précieux
conseils, et je vois bien que, si je n'en parlois
pas, vous n'en parleriez jamais. J'ai pensé que

je pouvois vous offrir soixante-quinze francs
par mois, cette somme vous paroît-elle convenable?

— Soixante-quinze francs! Mais, c'est trop;
nos grands maîtres ne prennent que vingt-
cinq francs, et d'ailleurs, vous me rendez de
bons services et je pensois ne vous rien demander.

— Mais, dit-il, vingt-cinq francs dans des
ateliers nombreux où les élèves n'ont pas la
bonne fortune de travailler avec le maître; mais
ici je profite d'une foule d'avantages que je dois
reconnoître.

Comme il insistoit, je lui dis.

— Voyons, parlons sérieusement, pouvez-vous
me donner ces soixante-quinze francs sans que
cela vous gêne? Oui, eh bien, donnez-les-moi et
n'en parlons plus. Mais au bout de quelques mois,
il s'étoit rendu si serviable que, ne voulant
plus recevoir son argent, je trouvois, en cherchant ce qui m'étoit nécessaire, des petits paquets qui contenoient invariablement cette
fameuse somme. Lorsqu'on est jeune et qu'on

est peintre, on ne roule pas sur l'or; et je me rappelle encore le plaisir que me donnoient ces petites trouvailles. Il me demandoit encore quelquefois la faveur de passer la soirée avec moi; je ne faisois pas toujours droit à sa requête mais, lorsque par hasard j'acceptois son offre, c'étoit, pour cet homme, un bonheur qu'il manifestait par une joie d'enfant.

Il alloit, il venoit; l'heure du dîner arrivée, il m'entraînoit chez des restaurateurs que je ne connoissois pas; nous étions servis de la façon la plus confortable. Cela m'effrayoit pour la bourse de mon rapin et je lui en faisois la remarque.

— Oh! me disoit-il, ne craignez rien, je connois le maître de la maison. J'ai eu l'occasion de lui rendre de petits services, il en est resté reconnoissant, et sachant que je traite mon cher maître, il fait bien les choses, tout en ménageant ma bourse.

Il me donnoit des raisons semblables pour justifier les loges à salon où nous entendions la meilleure musique; il étoit aussi très amateur de peintures anciennes, et m'entraînoit souvent dans les ventes; lorsqu'elles étoient accomplies, il me disoit :

— Vous savez, cher maître, le Hobbéma que nous avons admiré ensemble, s'est vendu trente-sept mille francs.

— Vraiment? c'est un beau prix, mais c'est encore un plus beau tableau. Hein, lui disois-je, ils sont heureux ceux qui peuvent se donner ces merveilles!

— Vous trouvez? ce que vous dites-là me fait bien plaisir, car c'est bien ma manière de voir. »

Il se remettoit à travailler; il n'étoit pas sans intelligence, ne négligeoit jamais son service, évidemment ce n'étoit pas un homme spiri-tuel, mais étant naïf, il disoit souvent des choses intéressantes, et puis cette pauvre nature déshéritée n'avoit pas d'âge; il pa-roissoit avoir de vingt-huit à soixante ans; ché-tif, voûté comme un vieux, il m'intéressoit; je l'aimois, il est si bon de voir ces natures sim-ples qui prennent leurs jouissances du bonheur des autres; ces êtres, sans arrière-pensées, qui vous donnent les garanties d'un bon chien. Je n'aurois certes pas changé cette amitié contre une plus brillante, plus flatteuse; rien n'est préférable à un cœur dévoué.

Nous étions heureux, depuis plus de dix-huit mois nous travaillions ensemble, l'aisance étoit venue dans mon petit intérieur, un nouveau rapin, mais un vrai, faisoit le service de l'atelier, mon élève étoit devenu mon ami.

Un jour, je le vis paroître avec un visage bouleversé :

— Qu'avez-vous?

— Cher maître, je suis obligé de vous quitter pour longtemps, deux mois peut-être.

— Quand cela?

— De suite, ce soir.

Nous passâmes cette dernière journée ensemble, je le reconduisis jusqu'à la diligence, où je le vis disparoître dans ce que l'on appeloit une rotonde. Il étoit au milieu de nourrices et d'enfants qui crioient...

« Adieu, cher ami, bon voyage. » Je revenois

chez moi le cœur tout triste : pauvre garçon !
Voyager si modestement, lui, si généreux pour
les autres, si économe pour lui. . . . .

Le lendemain, un modèle de femme entr'ouvroit ma porte, passoit sa tête d'un air mystérieux en disant :

— « Est-il là ?

— Qui ?

— Votre élève.

— Non, pourquoi ?

— Hein, dit-elle, vous l'ignoriez ?

— Quoi.

— Ce qu'il étoit ?

— Que voulez-vous dire ?

— Comment ! vous ne le savez pas encore.

— Non, parlez.

— Eh bien, il est millionnaire, il est parti à
la poursuite d'un individu qui lui emporte quinze
cent mille francs . . . »

Je connoissois déjà les exagérations du
monde ; je supposois alors qu'on lui avoit en-
levé son petit avoir ; il m'avoit avoué de quatre
à cinq mille francs de rente. Quelle affreuse

action ! Abuser d'un cœur si simple ; mais il reviendra, il ne manque pas de dispositions, je le mettrai à même de gagner sa vie avec son art.

Mais les mois s'écouloient, il ne revenoit pas, évidemment il n'osoit plus revenir ayant tout perdu ; il ne savoit pas combien je lui étois attaché.

Longtemps après, je fis un voyage au Havre. Je passois par Rouen, Rouen ! il m'en avoit souvent parlé ; peut-être étoit-il du pays. Cherchons ! je m'adressai à des hommes placés sous une grande porte qui travailloient à une énorme balle de coton. Je leur demandai, en le nommant et en donnant son signalement, si par hasard on ne le connoissoit pas.

— Non, me dirent-ils, mais il y en a un qui porte ce nom et qui est le plus riche du pays.

Ce n'est pas cela, et je m'éloignai. J'entrai dans un café modeste, peut-être est-il venu là, pour faire quelques portraits ?

— Madame, connoissez-vous, etc ? . . .

— Oui, Monsieur, le riche.

—Allons ! tout est perdu, donnez-moi l'adresse du riche, il ne me reste plus qu'un peut-être...»

J'arrive à un hôtel de belle et forte apparence : je frappe, la porte s'ouvre ; je pousse et j'agite une roue composée de ressorts à sonnettes qui faisoient un grand bruit. On vient, je me nomme et je demande à parler au maître de la maison ; un valet de pied revient rapidement et m'introduit auprès d'un vieillard assis dans un fauteuil recouvert de cuir de Russie. A sa vue, je crus reconnoître des airs de famille avec mon élève, et par une réflexion rapide je pensai à ce que m'avoit dit le modèle de femme, aux renseignements qui venoient de m'être donnés, puis à la ressemblance avec le vieillard. Tout cela fit que je demandai sans hésitation :

— « Monsieur, n'avez-vous pas un fils qui s'occupe de peinture?

— Oui, dit-il, en se mettant à rire, mon fils, votre élève, mais c'est comme une providence. Il est arrivé hier soir d'Italie, il va venir, je l'ai fait demander. »

A peine avoit-il achevé ces quelques mots,

que je vis mon ancien élève paroître, il avoit la
même mise qu'autrefois; trop surpris pour parler, je me sentis entraîner par lui au premier
étage de l'hôtel. Vous dire ou vous décrire ce
que je traversois de richesses me seroit impossible! Enfin, nous nous arrêtâmes près d'une
admirable tapisserie qui fut soulevée et derrière laquelle se trouvoit une porte; là, mon ancien rapin me dit : cher maître, personne n'entre ici, mais pour vous je lève la consigne. Nous
entrâmes et je vis de merveilleux chefs-d'œuvre
et parmi eux beaucoup de ceux que nous avions
admirés ensemble dans les différentes ventes
publiques que nous avions visitées.

— « Vous étiez donc riche?

— Oui.

— Et vous ne me le disiez pas.

— Je voulois avoir des conseils sincères.

— Mais vous ne savez pas le mal que vous
me faisiez, lorsque je vous voyois faire des dé-
penses qui me paroissoient dépasser vos
moyens.

— N'y pensons plus, et maintenant que vous

connoissez ma position, si vous voulez, je vous emmène en Italie, et sans arrière-pensée de votre part, nous voyagerons comme des princes.

— Mais qu'avez-vous donc, me dit-il, vous me paroissez triste?

— Oui, c'est vrai, je travaille beaucoup pour obtenir un vrai succès de salon; mais les places qui me sont données sont si mauvaises que mes efforts sont perdus.

— Vous n'avez donc pas de connoissances bien placées ?

— Non.

— Vous ne connoissez pas un dentiste ayant une bonne clientèle ?

— Oh! mon Dieu, pensai-je, seroit-il devenu fou!

— Oui, je dis un dentiste ou un valet de chambre; mais vous ne me répondez pas! Allons, cher maître, nous allons changer de rôle; vous m'avez si bien dirigé qu'il est juste que je vous pilote à mon tour.

Vous restez ici, et demain nous partons pour Paris.

Clic-clac ! clic-clac ! une berline de voyage fendoit l'air ; nous étions enveloppés de tourbillons de poussière, les relais se succédoient avec rapidité et..... nous nous arrêtâmes place du Palais-Royal.

—Avez-vous de l'argent sur vous ?

— Oui.

— Suivez-moi.

Je commençois à avoir confiance dans mon guide, il me fit traverser les sales petites rues qui entouroient le Louvre, et nous arrivâmes bientôt à la porte du Musée. Le concierge en nous voyant dit à mon élève : bonjour, père un tel ; il répondit : bonjour, bonjour.

—Monsieur est avec moi.

— Passez.

On plaçoit les tableaux pour l'exposition dans une petite pièce qui précédoit le grand salon, là il me dit : « Allez à ce garçon et dites-lui : j'ai envoyé un tableau qui a le numéro 334, si par hasard vous pouviez le bien placer je vous serois obligé, et vous lui laisserez dix francs dans le creux de la main.

Je m'empressai d'obéir et je revins vers lui; il me fit faire de même pour différents gardiens mais m'en désignant un autre, il me dit : « Celui-là vous lui donnerez vingt francs, c'est le gardien chef. » Tous ces garçons venoient à tour de rôle lui donner la main de la façon la plus familière. Puis il me dit : partons, nous n'avons plus rien à faire ici, mais je reste à Paris huit jours, je veux jouir de votre triomphe.

Huit jours après, le salon s'ouvroit; j'avois une place superbe et j'obtenois mon premier succès public.

— Eh bien, cher maître (1), la farce est jouée, le public a les yeux sur vous, maintenant ils seront forcés de bien placer vos peintures.

— Je pars, mais avant permettez-moi, cher patron, un humble conseil: n'oubliez pas qu'on n'arrive jamais par ce qu'on appelle les grands, ceux-là ont de gros appétits et avalent à leur profit les niais qui viennent à eux. Croyez-moi,

_____

(1) Je n'ai pas la prétention de m'attribuer le titre de maître, je ne l'emploie ici que comme usage de disciple à professeur.

adressez-vous de préférence aux petits, en les payant vous serez toujours bien servi.

Nous nous embrassâmes, il partit, et je ne l'ai jamais revu.

J'ai toujours pensé que cet homme singulier avait joué, à mon profit, le rôle de la Providence; et que me trouvant suffisamment lesté, il m'avoit quitté pour accomplir d'autres bienfaits dans ce monde.

Réflexions sur ce que je viens de raconter.

Oui, celui qui consent à se faire machiniste dans ce grand théâtre du monde, possède une force puissante; il le voit, il le juge, ce monde, dans ses côtés foibles, cachés; il connoît, comme on dit, le défaut de la cuirasse, et peut entrer facilement dans les entrailles de cette pauvre humanité.

Il n'a pas, comme les spectateurs de la salle, les prestiges de la scène, ceux-là vivent ou meurent d'illusions, lui vivra d'affreuses réalités, il doit en tirer de grands profits, mais à quelle condition? Il voit, on peut le dire, les trappes du sentiment et l'envers des décors. Ce moyen est social, il demande la dissimulation, c'est vraiment de la comédie.

Je connois pour réussir, un moyen plus simple, qui domine tous les autres; c'est d'ê' vrai.

Le monde est plus juste qu'on ne veut le dire; les hautes positions sont généralement acquises par de vrais talents.

Pour le milieu que je connois bien, je sais parfaitement que ceux qui sont en évidence, aimés, connus du public, n'ont pas volé la réputation qu'ils possèdent. Il en est quelques-uns qui paroissent jouir des mêmes avantages; mais paroître, n'est pas posséder. Ils sont, les pauvres diables, comme ces paquets de magasin qui sont étiquetés, mais vides, et paroissent encore d'autant plus brillants qu'on n'y touche jamais. Mais à ces avantages superficiels, que vous pourriez envier, comptez-vous pour rien la crainte incessante qu'ils ont d'être regardés de trop près? Croyez-moi, ne les enviez pas! Je crois, au contraire, que le plus grand supplice pour un homme est de se sentir vide.

Si de pauvres misérables comme j'en vois tant, donnoient à leur peinture les soins, les travaux, les peines qu'ils dépensent pour se faire valoir, ils obtiendroient assez de talent, j'en suis certain, pour être vraiment heureux.

Travaillez, enrichissez votre esprit, développez vos facultés aimantes, donnez à vos œuvres votre âme tout entière, vous aurez beaucoup de talent et vous réussirez.

Il n'y a pas d'incompris.

Il y a des réputations surfaites, elles sont formées par des gens de métier, sans valeur, qui se servent de quelques noms pour battre en brèche les réputations légitimes.

Pour ma part, je sais que j'ai toujours été récompensé de mes efforts, et cela beaucoup plus que je ne le méritois, et j'ai pu voir que le monde est plus que juste : il est bienveillant.

Beaucoup prétendent que j'ai à me plaindre

de l'état; je ne suis pas de leur avis, des avances m'ont été faites, j'ai trouvé que l'on ne me donnait pas la place que je croyois mériter. C'étoit sans doute trop d'orgueil de ma part. Cette place qui, je croyais, m'étoit due, il valoit bien mieux, par des œuvres nouvelles la mériter aux yeux de tous, que de l'exiger de quelques-uns.

J'étois fatigué par une lutte déjà longue, la paresse entroit pour beaucoup dans mes résolutions, et puis, faut-il le dire, je voulois vivre de la bonne vie du bon Dieu; j'avois assez de ces jouissances factices que donne l'art, je voulois ne plus être parqué et cesser d'être une bête à peinture.

J'étois entré dans ce que j'appelle la vie naturelle, et, l'avouerai-je, à ma honte, je m'en trouvois fort bien.

Depuis, les grandes douleurs et les profondes joies de la famille m'ont attendri le cœur, j'ai compris que l'habileté du faire n'était rien, comparée à l'expression des bons sentiments humains.

Avec le calme, le recueillement, le désir de produire est revenu; n'ayant plus, comme autrefois, l'ambition de surpasser mes rivaux, je cherche simplement à satisfaire mes propres instincts.

———————

CONFESSION

Je veux bien commettre à mon endroit une petite indiscrétion qui justifiera mon éloignement de toutes les expositions.

Ce que je vais écrire pourroit faire supposer que je suis spirite, ou tout au moins un des adeptes de Mesmer, et cependant je puis affirmer que, vis-à-vis de ces deux croyances, j'ai les doutes de mon patron saint Thomas.

Je retrace simplement un fait qui me semble assez curieux.

J'étois sur mes échafaudages de Saint-Eustache, je peignois ma vierge, et j'apportois à mon travail toute l'attention dont je suis capable. Mais, par une singularité que je ne puis expliquer, j'étois incessamment troublé par une vision étrange; la porte de ma chapelle s'ouvroit, après avoir fait entendre le bruit sec de son loquet, pour donner passage à un arlequin ravissant. Il s'empressoit de me faire un gracieux salut qui n'avoit rien de commun avec ceux de notre monde, il commençoit par une délicieuse pirouette, puis, mettant un genou en terre, il posoit élégamment les deux mains sur la poignée de sa batte, ce qui en faisoit relever l'extrémité; sa tête se penchoit sur son épaule et exprimoit le ravissement que l'on éprouve en voyant un ami absent depuis longtemps. Cette contemplation étoit de courte durée; il se relevoit, couroit avec la grâce d'un jeune chat, autour de ma chapelle, en frappant mes peintures; il s'enlaçoit à mes échafaudages et la multiplicité de ses gestes faisoit scintiller ses paillettes à la lumière; puis d'un bond rapide il s'élançoit sur ma palette, faisoit une cabriole et disparoissoit pour reparoître immédiatement,

8

courant sur les corniches avec une légèreté et une rapidité surhumaines ; il se laissoit glisser le long de ces immenses colonnettes, souvent interrompues par des motifs de sculpture ; là il s'arrêtoit, et faisoit entendre des cris fugitifs ; il restoit peu de temps en place pour courir encore, puis, se plaçant derrière moi, il me regardoit peindre, en gazouillant comme une véritable hirondelle.

C'étoit si charmant, si gracieux, je le voyois, je le sentois si bien, que je ne bougeois pas pour jouir de toutes ses gentillesses.

Le plus petit mouvement fait par moi pour le surprendre, le faisoit disparoître ; mais, si au contraire je restois en place, j'entendois son bruit qui étoit celui d'un battement d'aile et ses soupirs affectueux. . . . .

La vision disparue, je descendois de mes échelles, je faisois le tour de ma chapelle, je regardois la porte, elle étoit contre ; mais rien n'était plus naturel, elle fermoit avec difficulté. Je la refermois avec soin, je me remettois à peindre, et au bout de fort peu de temps, j'entendois le même bruit de loquet, et la vision apparoissoit complétement de même ; chose que je ne pouvois comprendre, la maudite porte ne restoit pas fermée.

Pendant huit jours entiers je fus poursuivi par ces apparitions. Je crus d'abord que le sang m'incommodoit, je me fis saigner, je cherchois à me distraire, mais rien ne fit. Enfin, un amateur vint me trouver sur mes échafaudages, et me dit : « Je ne pourrai donc jamais obtenir de vous une peinture. » Alors il me vint à l'idée d'employer ce qu'on appelle un remède de bonne femme, et je dis à cet amateur que j'étois prêt à le satisfaire, à la condition que je lui peindrois un arlequin ; persuadé que j'étois que cela me débarrasseroit de mes visions.

Il voulut bien accepter.

J'ai pour habitude de me renseigner sur les choses que je dois peindre, et je voulus dans cette circonstance, étudier les usages de la comédie italienne. J'étois dans ces pensées en sortant de l'église, me promettant bien de chercher parmi nos libraires des livres qui pourroient m'éclairer; lorsque arrivé au coin du boulevard et de la rue Montmartre, mes regards furent attirés par une rangée de vieux bouquins, très-serrés, mais au milieu desquels se trouvoit un vide qui isoloit un unique volume. Je m'approchai et je lus sur son dossier :

« Vie de Dominique, célèbre arlequin de la comédie italienne. »

Quel singulier hasard !

J'achetai ce livre; le soir venu, bien installé dans mon lit, je pris connoissance de la vie de ce personnage célèbre.

Il étoit très-aimé de Louis XIV. Sa gaieté, sa grâce, ses saillies divertissoient les Enfants de France.

Quelques-uns de ses mots sont restés.

Un jour qu'il étoit à la table du grand roi, Louis XIV dit :

— Donnez ce plat à Dominique.

Notre comédien s'en empare, et dit en flairant le contenu :

— Et les perdreaux aussi, sire. (Le plat était d'or).

Je pris connoissance de détails intéressants non-seulement sur sa vie, mais encore sur les regrets laissés par sa mort, et j'appris avec la plus grande surprise, que par testament, il avait donné la plus grande partie de ses biens à la fabrique de Saint-Eustache, à la condition qu'il serait inhumé dans la chapelle de la Vierge.

De ce que je vous raconte, cher lecteur, sont nées mes arlequinades qui traversent toutes les situations de notre monde moderne.

Comme cela pourroit bien venir de l'enfer, j'ai cru devoir, en bon chrétien, m'abstenir de les montrer.

DE NOTRE TEMPS

———

Le poëte a voulu être homme d'État.

L'historien a voulu être poëte.

Le romancier a voulu être historien.

Le feuilletoniste a voulu être romancier.

Le critique d'art a voulu être·peintre.

Le peintre a voulu être littérateur.

Voilà les prétentions à peu près acceptables, mais qui cependant sortoient du vrai chemin. Voyons maintenant ce que nous a donné l'exagération, et pour cette fois ne parlons que des peintres.

Aujourd'hui le peintre épisodique veut manger la grande peinture.

Le peintre réaliste veut manger la peinture de genre.

Et le paysagiste, lui, qui est le plus petit de tous veut tout manger.

N'oublions pas de dire que la plèbe artistique, dans son appétit goulu, veut manger même les paysagistes.

N'oubliez pas non plus que le dernier placé de notre échelle sociale se regarde comme un roi comprimé, et que le plus infime de nos artistes se croit l'égal de Michel-Ange!

. . . .

On peut satisfaire les rois, on peut combler les désirs d'une femme, mais on ne contente jamais un peintre moderne. . . . .

Si vous y parvenez, vous obtiendrez mes applaudissements. . . . .

Nous verrons bientôt ces petits artistes qui font avec de petits esprits de petits tableaux et s'enflent comme la grenouille de la fable, en opposition avec ces grands artistes de l'antiquité et du moyen âge qui, en produisant de sublimes œuvres, ajoutoient encore à leurs qualités une adorable modestie.

DE LA CRITIQUE

———

« ..... On m'a dit : Votre livre soulèvera
« des tempôtes. A quoi j'ai répondu : Je
« me sens la faiblesse du roseau..... »

Les questions d'art ont été troublées par les littérateurs, ils peuvent écrire en excellent français, mais cela ne suffit pas, il faut connoître la chose de laquelle on parle et ils ne la connoissent pas; c'est donc une obligation, un devoir de dire imparfaitement des vérités qui du reste, remplaceront avec avantage des mots *bien dits* qui n'ont aucune signification.

La critique moderne a été funeste depuis 1830 jusqu'à nos jours.

Voyons ce qu'elle a produit.

Elle a désespéré de grands talents, et s'est toujours montrée haineuse pour ceux qui réussissoient par leur mérite et sans son concours.

Ignorante et sotte, elle a été nuisible même aux talents douteux qu'elle a souvent défendus.

Louangeuse sans conviction, 'mais simplement dans un intérêt de feuilleton, elle détruisoit le lendemain ce qu'elle avoit élevé la veille.

Oui, ces messieurs les feuilletonistes se servoient toujours d'une idole qu'ils avoient créée, comme d'une arme, pour frapper sur les réputations légitimement acquises; si l'idole avoit quelque mérite, elle passoit bien rapidement au rang ennemi, car ces aimables critiques étoient jaloux de leurs productions et vouloient que le talent ne fût pour rien dans les réputations qu'ils créoient.

Ces émeutiers de la pensée ont brisé tout ce qu'ils ont touché.

Le critique moderne est presque toujours un déclassé de la littérature ou de la bourgeoisie; incapable de vraiment produire ou de se soumettre à une occupation honorable, il se fait critique d'art.

Je sais que dans le nombre il y en a qui ont produit des livres charmants et qui nous ont sans doute privés d'œuvres intéressantes, pour nous donner de bien mauvaises critiques.

Il en est un surtout dont j'admire les écrits, qui fait un salon tous les ans; celui-là a le bon esprit de dire qu'il ne s'y connoît pas : je le prends au mot, et lui conseille de remplacer son salon par un adorable livre comme il sait en faire.

Depuis longtemps les talents sérieux s'éloignent des expositions, ils sentent qu'ils n'ont qu'à perdre en s'exposant aux malveillances de toutes sortes, et malgré le désir qu'ils ont de montrer leurs ouvrages, ils s'abstiennent pour ne pas grandement nuire à leurs intérêts.

Car il faut que le public sache une chose, c'est que le tableau exposé d'un peintre de talent est toujours la propriété d'un amateur, et que cet amateur se trouve habituellement placé auprès de l'œuvre qu'il possède. Permettez-moi donc de vous donner une foible idée de l'épreuve à laquelle on soumet ce brave Mécène qui s'est privé de son tableau pour embellir l'exposition.

Deux rapins :

— Regarde donc c'te saleté, dire qu'il y a des crétins qui achètent ça. Oh! oh! est-ce mau-mauvais, c'est pas nature, tiens, vois ça! (Ils mettent leurs doigts sur la peinture.)

— Messieurs, ne touchez pas aux œuvres d'art.

— Ne craignez rien, M'sieu, c'est pas de l'art, c'est une ordure. (Ils passent.)

Un jeune peintre avec un critique :

LE PEINTRE. — Je vous le disois, c'est scandaleux, il n'y a rien, il n'a plus même l'ombre de son talent, son tableau manque de *tonalité* (le critique s'empresse de noter le mot, qui fera bien dans son prochain feuilleton); croyez-moi, il faut en finir avec ces vieilles répu= tations volées. (Ils passent.)

Un ami de l'amateur, accompagnant une dame :

— Venez voir ce tableau, il paroît que c'est affreux, ce pauvre garçon croit s'y connoître, ah! ah! le fait est que c'est une tartine abominable. L'amateur se retourne, il a tout entendu.

L'AMI. — Ah! cher, je vous y prends, vous venez jouir de vos merveilles. (L'ami et la dame s'éloignent en souriant.)

L'exposition terminée on rapporte l'œuvre maltraitée; la toile est crevée, le cadre qui était très-beau est brisé.

L'amateur, dégoûté de son tableau, s'en défait à n'importe quel prix; deux ans après, il le revoit en vente publique, cette détestable croûte monte à la somme de quarante mille francs; il l'avoit cédée dans son ennui pour quatre mille. On m'assure, je ne sais si la chose est vraie, que cet amateur ne veut plus concourir à l'embellissement des expositions.

Je dois signaler encore une nouvelle et honteuse spéculation.

Certains individus ont compris que les critiques d'art n'avoient d'intérêt que pour ceux
qui s'occupent de peinture.

Ils ont inventé la Biographie scandaleuse, et
niant le vrai mérite, ils font tous leurs efforts
pour rendre ridicule ce qui est véritablement
honorable; comprenant mieux l'envie que personne, ils spéculent sur elle et entraînent avec
eux tous ces malheureux peintres sans talent
qui achètent leurs infamies pour se consoler
de leur impuissance.

Nous pouvons dire aujourd'hui à ces juges
incompétents :

Vous n'avez aucun droit pour nous juger,
vous pouvez, comme tout le monde, dire que
vous aimez ou n'aimez pas un tableau, mais
donner des conseils, prendre pour ainsi dire la
brosse du peintre et la diriger, parler de la pâte,
du clair-obscur, du style, des attaches, des colorations, du dessin, cela vous est défendu; vous
n'y connoissez rien et vous vous servez de tous
ces mots de métier comme de véritables singes;

9

vous mêlez tout, vous bouleversez tout : quelquefois on vous lit, on croit pendant un moment que vous avez des idées assez justes, mais crac ! un mot, une niaiserie vous découvrent, et on voit que vous parlez comme les aveugles des couleurs.

Pour ceux qui ont absolument besoin d'écrire sur ce qu'ils ne connoissent pas, je dirai : choisissez par le monde, il y a tant de motifs pour exercer votre plume, et cela de façon à ne pas troubler ceux qui travaillent ; si vous ne trouvez pas, eh bien ! permettez-moi de vous aider, écrivez sur les hannetons, ce sont des insectes nuisibles, je crois qu'avec ces derniers vous vous entendrez parfaitement. . . .

1848 a donné un grand développement aux ventes publiques : l'intérêt, la peur ont fait vendre beaucoup de tableaux.

L'espérance qu'avoient les étrangers d'acquérir pour peu d'argent des objets de grande valeur, pendant nos années de révolution, les amenoient en grand nombre ; de cette situation sont nées la demande et l'augmentation des œuvres d'art : ceux qui ne voyoient dans ces acquisitions de tableaux que des placements de fonds, ont pris goût à la peinture ; les peureux dont je parle plus haut ont développé l'amour des petites choses, ils étoient persuadés qu'en cas de pillage, il leur seroit plus facile de soustraire un petit tableau qu'une autre valeur ; aussi en ai-je vu qui portoient leur galerie sur leur personne et tout prêts à passer à l'étranger avec leur nouvelle fortune. Enfin toutes ces causes réunies ont fourni un grand nombre d'amateurs : la vente, la surenchère, la passion qui naît de la dispute, la vue constante des objets d'art, ont fait naître de véritables appréciateurs, et chose étrange, spéculateurs, peureux, hommes du monde n'achetant que par amour propre, sont tous devenus connoisseurs : et vous êtes étonnés dans nos ventes publiques de la juste mesure faite aux différents talents !

Ainsi, ce qui devait perdre l'art le sauve, je veux dire une partie de l'art, celle possible pour le particulier, le tableau de petite dimension, c'est déjà beaucoup, espérons que le grand art pourra s'affranchir un jour.

Nos chemins de fers, nos grandes associations donneront aux artistes de grands travaux; l'Etat, espérons-le, ne sera plus seul pour alimenter ce qu'on appelle l'art monumental, et nous aurons cette concurrence, cette plus-value qui en découle et surtout cet affranchissement si nécessaire pour produire de belles œuvres.

Arrêtons-nous un peu et revenons à la critique pour dire qu'elle subit aujourd'hui de grandes modifications; elle devient presque nulle, nos amateurs sont assez formés pour ne plus s'inquiéter de l'appréciation de tel ou tel écrivain; il leur a fallu peu de temps pour être convaincus de leur nullité. Artistes et amateurs forment un monde à part, l'artiste sait que sa garantie est l'amateur, comme l'amateur est bien certain que son jugement est préférable à celui des journalistes.

Au reste, ces messieurs se calment beaucoup, n'ayant plus les mêmes profits ils écrivent beaucoup moins, si quelques-uns surnagent se sentant jugés ils y mettent plus de réserve, quelques jours encore et ils auront complète-disparu, ainsi soit-il ! . . . . .

Vous, jeunes gens, qui vous destinez à la peinture, n'oubliez pas que vos juges naturels sont les amateurs.

Il y a des hommes qui naissent pour produire, comme d'autres naissent pour apprécier.

Ecoutez ceux qui aiment l'art et qui vous en donnent les preuves en vous soutenant dans l'accomplissement de vos travaux.

De ceux-là seulement vous pouvez obtenir une bonne et saine critique.

————

REVUE
DE TRENTE ET QUELQUES ANNÉES
SUR CE QUE L'ON APPELLE
LES ÉCOLES.

———

Oui, chers amis, j'ai ce triste avantage de pouvoir vous parler sciemment de ce long espace; j'ai vu, ce qui est de tous les temps, les médiocrités s'ériger en secte, en camaraderie, en école.

J'ai vu les mauvais classiques (1) remplacés par de mauvais romantiques, et ainsi de suite, tous très-entiers dans leur manière de voir et parois-

(1) Je veux parler de ces artistes qui florissoient de 1816 à 1826, dont les productions avoient fait prendre en horreur la peinture classique et qui, n'ayant rien à exprimer par la pensée, représentoient des fleuves Scamandres et des Philoctètes peu divertissants.

sant inébranlables dans ce qu'ils appeloient leurs convictions.

Le vrai talent est inquiet , chercheur; il souffre, fait tout ce qu'il peut et n'est jamais satisfait; tandis que le plagiaire, qui naît de lui, qu'il soit romantique ou réaliste, ne doute pas; il s'appelle légion, il rayonne dans sa médiocrité, il a toutes les insolences de la bêtise.

Nous allons, si vous le voulez bien, passer en revue tous ces glorieux.

Nous prendrons : les *romantiques*, les *angéliques*, les *turquistes* et les *réalistes*.

Il faut retourner pour cela à la fièvre romantique. C'étoit vers 1832.

Depuis longtemps déjà, on combattoit bien injustement les gloires de la Révolution et de l'Empire, les colosses de la peinture existoient encore, les égaler n'étoit pas possible. Les pygmées qui les combattoient, comme de véritables rats, les rongeoient par la base pour les faire tomber.

Cette *pléiade rongeuse* se composoit de plusieurs espèces.

Elle avait fait cause commune, on ne sait pourquoi, on ne sait comment, avec des peintres crasseux qui ressembloient à des sacristains.

Je pourrois expliquer ce je ne sais pourquoi, mais je toucherois à la politique et ce n'est pas mon affaire.

La phalange romantique, brillante par ses costumes, étrange, éxagérée, composée généralement de garçons aisés, de fils uniques auxquels on souffroit tout, faisoit alliance avec ces pauvres diables; les premiers portoient de longs gilets de satin taillés en pourpoint, la manchette éclatante de blancheur et retroussée, le chapeau pointu à larges bords, les cheveux ras et la barbe aussi longue et aussi fournie que l'âge pouvoit le permettre. Presque toujours ils avaient un manteau jeté sur l'épaule, même par les temps les plus chauds, cela faisoit bien, donnoit de l'ampleur au vêtement; ils portaient invariablement une dague au pommeau d'agate. Ils s'habillaient aussi de phrases toutes faites; j'en ai connu un qui, s'inspirant du fameux : « *vieillard stupide, il l'aime,* » d'Hernani, disoit à son père : « vieillard stupide, tais-toi. » Dans ce temps, cela n'étoit pas très-choquant, c'étoit presqu'une mode, la belle jeunesse s'émancipoit; il n'étoit pas rare de rencontrer un de ces *beaux* avec des gueux bien autrement arrangés. Ces derniers avoient à peu près les mêmes aspirations pour les choses du passé, mais n'ayant pas, comme on dit, le moyen, ils se rabattoient sur des types plus simples. Aux premiers l'imitation des jeunes seigneurs; à ceux-ci, celle des artistes de la Renaissance; voici comment ils tiroient parti de leurs guenilles : ils coupoient les visières de leurs casquettes, qu'ils transformoient en béret du quinzième siècle; ils coupoient encore les basques de leurs modestes vestes, qui méritoient à leurs yeux le nom de pourpoint; le vulgaire pantalon, fixé par des ficelles, prenait les aspects du maillot; privés de manteau, ils laissoient croître leur chevelure, la jeunesse est si riche en ressources. . . . . . . Ajoutez à cela, nos boues de Paris, qui les crottoient jusqu'à l'échine, ce qui faisoit dire en les regardant : ils ont affronté l'orage! Eux aussi avoient des phrases toutes faites, elles avoient un parfum biblique; ils disoient volontiers : « En ce temps-là, mon frère! » ou « En vérité, en vérité, je vous le dis, la soupe est trop chaude; » ou bien encore : « Seigneur, Seigneur, soutenez-moi, aidez-moi (à payer mon terme). » Cette comédie, je l'ai vue, je n'exagère pas; ceux qui, comme moi, ont connu ce temps pourront juger de mon exactitude. Ces enfants de concierges qui singeoient les costumes moyen âge, firent plus tard des tableaux qu'ils habillèrent en portiers.

De chute en chute nous sommes arrivés au Réalisme.

Permettez-moi de vous entretenir un peu de cette trop fameuse école.

Je ne suis qu'un peintre, et je ne puis me faire bien comprendre que par de véritables images. C'est pour cette raison que je voudrois intercaler ici une de mes dernières compositions; mais comme la chose n'est pas possible, j'emploierai ma plume inhabile pour vous en donner une idée.

Je représente l'intérieur d'un atelier de notre temps, cela n'a rien de commun avec les ateliers d'autrefois, où l'on voyait les fragments des plus beaux antiques; c'étoient la tête de Laocoon, les pieds du Gladiateur, la Vénus de Milo; et pour les gravures qui couvroient les murs, il y avoit les stances de Raphaël, les sacrements et les paysages du Poussin. Mais, grâce aux progrès modernes en matière d'art, j'ai peu de choses à représenter, car on a des moyens plus simples et d'ailleurs les dieux sont changés. Le Laocoon est remplacé par un chou, les pieds de Gladiateur par un pied de chandelier couvert de suif ou par un soulier; je ne sais pourquoi, le mot soulier me choque ici, je le trouve froid, sans couleur locale, j'aime mieux le mot *paf*, qu'en dites-vous? C'est plus joli, vous ne le connoissez pas encore et je suis heureux de vous l'apprendre.

Pour le peintre, car il y a un peintre dans ma composition, c'est un artiste studieux, fervent, enfin un illuminé de la religion nouvelle; il copie, quoi? c'est bien simple, la tête d'un cochon, et pour siége que prend-il? c'est moins simple : la tête du Jupiter olympien.

Dans les accessoires de cet atelier, j'aurois pu introduire un certain Turc, vous n'ignorez pas sans doute qu'il y a aussi la religion de la *turquerie*; mais ce Turc a disparu. Vous le connoissez comme moi, nous l'avons admiré longtemps dans les Champs-Elysées; il avait une tête superbe, digne, même un peu terrible; je le vois encore, on essayoit sur lui la force de son poing. Eh bien! les coups les mieux appliqués ne lui faisoient rien perdre de sa dignité. Qu'est-il devenu? Je l'ai cherché partout, car je ne peins rien sans la nature. Je ne l'ai pas retrouvé, ces bons Messieurs l'auront sans doute pris pour antique.

A propos de turquerie, je finis par une petite anecdote :

Il y avait une fois un artiste de beaucoup, beaucoup de mérite, il avait exposé chez lui une Vierge à l'hostie. Il y avait aussi dans ce

temps-là, un autre peintre qui avoit un charmant talent, mais ça n'étoit pas dans le même
genre. Ce dernier, plein d'ardeur, vouloit toujours dépasser ses confrères; c'est pourquoi il
voulut faire une vierge aussi; mais il avoit,
sans trop s'en rendre compte, comme toutes les
natures fortement trempées, un génie qu'il
ignoroit : c'était celui de la turquerie, mais la
turquerie mignonne, jolie, enfin la turquerie
à l'état de grâce.

Vous allez voir, vous allez voir.

Il prend une toile, travaille avec ardeur;
avant la fin du jour sa vierge étoit terminée.
Un amateur arrive, regarde et s'écrie :

— Ah! le beau Turc.

— N'est-ce pas, dit le peintre, je crois ma
vierge parfaitement réussie.

— Si vous n'êtes pas trop exigeant pour ce
Turc, ce Turc est à moi!

— Je crois être raisonnable en demandant
tel prix pour ma vierge.

Le marché fut conclu.

Et on assure qu'aujourd'hui encore, l'ama-

teur est persuadé de posséder un Turc, tandis que notre peintre est heureux de savoir sa vierge bien placée. . . . .
. . . . J'ose espérer que ces bons messieurs voudront bien me per-mettre de rire un peu . . . .

AUREA MEDIOCRITAS

. . . . . 137, 138, 139. Vos pages sont grandes, l'écriture en est serrée, mais cependant nous aurons beaucoup de peine à atteindre avec cela 300 pages d'impression, il faudroit ajouter une cinquantaine de feuilles, pour donner au volume un aspect respectable.

Voilà ce que me dit mon éditeur.

— Mais, mon cher monsieur, vous me supposez des facultés que je n'ai pas, vous me croyez homme de lettres et capable d'écrire à tant la ligne; je vous assure qu'il n'en est rien, et qu'en dehors de ce que je connois, je ne puis rien dire. Je suis peut-être comme le meunier qui parle convenablement de son blé, mais je ne me sens en aucune façon le don d'intéresser avec ce qu'on appelle les moyens littéraires.

—Vous avez raconté quelques anecdoctes qui ne me paroissent pas avoir un rapport bien direct avec votre méthode, je ne vous en fais pas un crime, au contraire, je trouve que cela peut amuser et je n'en demande pas davantage. C'est pourquoi, je vous prie d'ajouter encore quelques petites historiettes à votre livre.

—Vous me permettrez de vous répondre à mon tour que ces historiettes ne sont pas de simples fantaisies, que ce sont de véritables faits qui m'ont profondément touché et qui ont servi à mon éducation comme peintre. Ces leçons données par la vie, je les partage avec ceux que j'enseigne, et avec mon respect pour la vraie nature, je me garderois d'inventer; non, je retrace, je copie avec servilité, je fais enfin ce que je fais toujours pour mes tableaux, où je me garde de créer le moindre brin d'herbe. Je sais que cette humilité paroît peu poétique à

beaucoup de gens et que cette façon de produire est pour eux le signe certain d'un pauvre
esprit.... Que voulez-vous que j'y fasse; on ne
fait que ce qu'on peut.

Je voulois aussi indiquer dans ma méthode,
le long espace qui doit séparer les principes élémentaires des études sérieuses : il falloit pour
cela un temps de gestation qui doit être assez
long dans le cours des études; j'ai simulé ce
temps par la durée des récits qui précèdent, où
je cherche comme les professeurs pleins de sollicitude, à instruire jusque dans les divertis-
sements donnés à l'élève.

Et puis, faut-il le dire encore? on s'habitue
à la nature comme à toute chose, on finit par
l'aimer dans sa simplicité, on la pénètre, on
devient son confident, et l'on arrive à comprendre quelques-uns de ses secrets; elle vous
paraît alors si charmante, que vous lui restez
fidèle, et lorsque par hasard vous allez au
théâtre pour entendre les pièces les plus célèbres, vous êtes étonnés de voir de braves gens

qui se mouchent et pleurent là où vous ne trouvez qu'à rire.

Comme je vous le disois, c'est une affaire d'habitude, on se familiarise aussi avec le théâtre en le suivant avec assiduité; et je crois que pour celui qui s'en éloigne peu, il finit par y caser son intelligence, son âme tout entière; il ne voit et ne comprend que par ce qu'on appelle les planches, et les quinquets de la rampe l'éclairent bien mieux que la lumière du soleil. Les dramaturges se gardent bien de changer leurs effets, sachant très-bien que les abonnés demandent certains dénouements, comme on demande sa tasse de café noir après dîner; il faut pour cela qu'il soit toujours le même, mais bien fait.

Je puis vous donner une idée de ce genre de fabrication :

. . . Le traître est découvert, il est pris par la gendarmerie.

On entend du fond de la scène les mots : sauvée! sauvée! . . . . .

Elle arrive avec une robe blanche, symbole

de chasteté, et s'écrie : Ma merrre! ma merrre!
Un sein recouvert d'une étoffe brune la reçoit;
là elle se livre aux cavalcades d'une joie eni-
vrante; lorsqu'elle a suffisamment prouvé au
public ses qualités filiales, elle relève sa tête,
regarde et dit : oh! sainte balançoire, est-ce
possible, c'est lui! Oh! cascades de bonheur,
c'est Saint-Oscar! Elle abandonne à ce jeune
premier si bien mis (il a une culotte de peau et
des bottes à cœur), elle abandonne, dis-je, une
de ses mains, que ce poétique jeune homme
s'empresse de couvrir de . . . . cosmétique.

Cher lecteur, ceci t'intéresse peut-être, tu
voudrois savoir, je le devine, ce qu'étoient ces
charmants amoureux.

Saint-Oscar avoit été recueilli sous le porche
d'une église par un soir d'hiver, etc.... Il fut
élevé avec les fils du fermier, mais ses pen-
chants aristocratiques se manifestèrent de suite,
il étoit très-différent des enfants du village, et,
bien jeune encore, il adoptoit la culotte de peau
jaune et les bottes à cœur.

Aussi, ne fut-on pas étonné lorsqu'on apprit

que c'était le fils d'un prince. . . . .

Faut-il vous parler encore de ces caractères fièrement tracés, de ces hommes de fer, de ces cœurs de feu, accompagnés de nobles dames qui décrochent les étoiles à coups de mousqueton ?

Et bien non, je ne continuerai pas à parler de ce que je ne comprends pas, de ce que je n'aime pas.

Et j'engage ceux que je dirige à éviter la vue de ces faussetés.

Mais tout cela ne remplit pas les nombreuses pages que vous désirez. Je cherche si je n'ai rien oublié, et je ne vois pour le moment qu'une seule anecdote, mais elle est si petite, si petite qu'elle vous donnera tout au plus quatre pages.

— On voit bien, cher monsieur, que vous ne faites pas métier d'écrire ; moi, qui ai l'usage du métier littéraire, je vous dirai que vous me paroissez mettre tous vos œufs dans un même panier, vous ne ménagez pas vos ressources ; il faut délayer davantage, sans cela vous arriverez trop rapidement au bout de votre rouleau.

— J'espère bien, cher éditeur, le dérouler tout à fait, ce rouleau, pour pouvoir me remettre à peindre; car vous me faites sentir aujourd'hui combien il doit être pénible d'écrire lorsqu'on n'a rien à exprimer; et encore! si je vous cède, c'est que j'avois l'intention de raconter ce qui va suivre; je l'avois repoussée, cette anecdote, je la reprends pour vous, et vous en garderez la responsabilité.

Je commence :

Vous savez que bien souvent notre globe est enveloppé de triples rideaux de nuages; parfois, cela dure longtemps, les jours (si toutefois on peut appeler jours ces lumières lugubres qui nous éclairent par ces temps pluvieux) se succèdent et malheureusement se ressemblent. Quand je dis malheureusement, il en est qui s'accommodent très-bien de cette situation de l'atmosphère, ceux-là ont des soleils portatifs, des jardins portatifs, des saisons portatives; ils ont fait une si grande concurrence à l'Éternel, qu'ils pourraient au besoin se passer de lui, et même je dirai que ces épais nuages qui les concentrent, qui les isolent des grandeurs de l'immensité, donnent plus de prix à leurs beautés factices. Quelquefois la nuée crève, et laisse tomber sur eux une belle eau claire qui pourroit leurs servir, mais ils s'empressent d'y mettre du leur, je veux dire un peu de poussière, du tout, ils forment une boue dans laquelle ils barbottent avec délice. Fange aux pieds, fange au cœur, fange partout, ils paroissent heureux d'être tout à la terre, et, comme des bébés qui échappent à la surveillance maternelle, ils sont heureux de curer leurs vices, comme les enfants curent leurs nez.

Un matin, on s'éveille, et l'on trouve sur son lit une belle carte de visite tout en or: on allonge la main pour s'en emparer, quelle joie! C'est le soleil, il s'infiltre partout, franc, net, doré, les cris de la rue résonnent, tout est sonore, la terre est en fête c'est son jour de sortie, allons, dit-elle à ses enfants, profitez de l'occasion!

On s'habille, on se pare, on fait prendre l'air à sa conscience, et l'on croit comprendre qu'il y a autre chose au monde que le cinq pour cent.

C'étoit par un de ces beaux jours où tout chante, où des oiseaux inconnus vous gazouillent dans le cœur. Ces jours-là, vous saluez vos ennemis implacables, les oiseaux véritables semblent comprendre ce retour de bonté dans l'homme, ils deviennent familiers, ils mangent dans nos poches.

Je me promenois, tout le monde se promenoit, les chiens quittoient leurs maîtres et se promenoient, les uns alloient devant (je parle des hommes), les autres venoient à moi, tous bariolés de cachemires, de cravates étincelantes et de mirlitons ; les enfants, pour orner l'air, faisoient voltiger de soyeux ballons rouges.

Un homme s'arrête devant moi.

Je regarde, je reconnois parfaitement un garçon que j'avois connu, mais il s'étoit passé un quart de siècle depuis notre dernière séparation, il étoit évident que ce n'étoit pas le même.

Je l'interrogeai.

— Comment, dit-il, vous ne me reconnoissez pas? On dit pourtant que je ne suis pas changé!

— C'est justement parce que je vous retrouve le même que je ne croyois pas vous reconnoître.

Je l'observois avec attention : pas une ride, les yeux limpides comme ceux d'un enfant, un peu plus gras, mais ce surcroît d'embonpoint se justifioit ; il sembloit bien que cet homme avoit mangé du bonheur.

— Et comment allez-vous ?

— Merci, je ne vais pas mal. Mais vous, il n'y a pas à vous faire cette question ?

— Oui, dit-il, je me porte très-bien, je suis, je peux le dire, un homme heureux ; vous le savez, je suis toujours au théâtre, ma voix s'embellit de jour en jour, elle est plus timbrée ; venez m'entendre ! J'ai de bons et solides succès. Mon Directeur me tient en haute estime. Ah ! mon cher, ajouta-t-il, j'en ai vu de ces étoiles filantes, je disois en les regardant du coin de l'œil, allez, allez, mes toutes belles ! Vous disparoîtrez bientôt et moi je resterai, car je n'ai pas comme vous des qualités éphémères, ce que j'ai est bon, solide, et résiste à tout.

Je lui fis mon compliment, et je ne pus m'empêcher de lui dire que son bonheur étoit rare, que souvent l'envie détruisoit les bienfaits de la réussite.

— Oh! reprit-il, pas pour les vrais talents; pour moi, j'ai gardé mes amis, ils savent très-bien que je dois ma position à un travail sérieux et que je suis incapable d'intrigue, aussi! faut-il voir le jour de ma fête! Tous mes amis, viennent, ils sont nombreux, ma maison est pleine de fleurs, mon front en est chargé et mes mains dans les leurs, je jouis d'une gloire bien acquise.

Adieu, lui dis-je tristement, et je m'éloignai.

Je ne me crois pas méchant, mais un bonheur comme celui que l'on venait de me dépeindre, dû au travail, couronné par le talent, n'est-ce pas le rêve des meilleurs?

On peut donc avoir un peu de mérite en ce monde et conserver ceux qu'on aime; mon Dieu! qu'ai-je fait, moi qui compte si peu d'amis et tant de trahisons? Serais-je mauvais? oh! sans doute, j'ai eu de grands torts, je me plaçois bien sous les pieds de ceux que j'aimois pour conserver leurs cœurs, mais je manquois de patience, je me relevois parfois et ma sotte dignité les faisait fuir pour toujours.... Que de tristes pensées ont roulé en moi le restant de ce beau jour..... Le soir venu, je trouvai chez moi une loge pour le théâtre, envoyée par une célèbre cantatrice. Quelle bonne fortune! j'étois altéré de musique, et puis j'allois revoir ce camarade d'enfance.

Les trois coups se font entendre.

La toile se lève, le grand sénéchal paroît : sa voix est ample, vibrante, c'est sans doute lui; bravo ! il chante vraiment très-bien, on le couvre d'applaudissements, j'y ajoute les miens . . . Oh ! oui, oui, je veux devenir meilleur. . . . .

Au second acte, n'y tenant plus, je passe sur la scène, j'exprime mon admiration à la prima donna, et je suis heureux de lui dire qu'elle est admirablement secondée par un de mes anciens camarades.

— Comment, me dit-elle, vous connoissez A ?.

— Non pas A, mais Z.

— Z ?... non, c'est A.

— C'est possible, lui dis-je, il aura changé son nom au théâtre.

— Oh! pour cela, je puis vous affirmer le contraire, car je connais sa famille.

— Alors, je me suis trompé ; mais vous avez parmi vous un nommé Z ?

— Je ne le connois pas.

On appelle le régisseur, on consulte le registre du personnel : dans les premiers sujets, rien de semblable à Z ; dans les utilités, même absence. Le régisseur se recueille, hésite un peu, car j'avais parlé de Z, comme d'un ami.

— Nous avons, dit-il, un nommé Z qui remplit le rôle du troisième sauvage.

Notre charmante cantatrice éclata de rire ; pour moi, tout confus, je retournai à ma place. Je vois enfin le troisième sauvage ; hélas ! c'étoit bien lui.

Pour être heureux dans la vie il faut donc n'être que *le troisième sauvage*. . . . .

FIN DE L'ENTR'ACTE

JEAN GOUJON

Pour parler de ce grand artiste de la Renaissance, il faut que je me recueille pour me souvenir, car je ne veux rien dire de mon chef, mais simplement me rappeler et écrire ce que j'ai entendu.

Par un jour ensoleillé, je fus assailli par mes bébés, ils poussoient des cris joyeux. On avait parlé du Jardin des plantes, du fameux ours Martin, des beaux petits moutons, des oiseaux d'or et d'argent; c'était un paradis qu'il fallait voir.

— Père, père, dépêche-toi, viens promener.

—Mais je veux travailler, laissez-moi tranquille.
Vous marchez sur mes dessins, ne touchez pas
à mon tableau, ne me poussez pas, maudits enfants, vous allez faire manquer ma touche.

— Non, non, tu ne travailleras pas, tu vien-
dras avec nous.

Et de me tirer par ma vareuse et de rire; comment résister ? Ne pas les suivre c'est changer
en gros chagrin leur bonheur; allons, suivons-
les....... On part, mais il faut une voiture, courons à la station.... En voici une charmante,
elle est grande, nous pourrons tous y tenir, les
chevaux sont gentils; l'un d'eux a sa tête posée
sur le col de son camarade; le cocher, jeune encore, est placé devant son attelage, et caresse
les naseaux de celui qui sert d'appui : évidemment ces trois êtres sont très-unis, ils se comprennent. L'homme paraît intelligent, son teint
est pâle et mat, ses yeux ombragés par de beaux
cils paroissent profonds, son nez fin aux narines
dilatées et mobiles dénote une grande sensibilité
nerveuse, sa bouche est un peu grande, bien
arquée et meublée de dents étincelantes ; le

menton, par sa saillie, annonce encore une grande énergie.

— Cocher, êtes-vous libre ?

— Oui, monsieur.

—Allons, les enfants, en voiture; et la mère, et la bonne tantante qui vous gâte, et la nounou qui n'a jamais voulu se séparer de vous et qui a en poche les provisions du petit voyage. Montez, serrez-vous, prenez garde à vos crinolines, fermons la portière; la chère famille déborde par les ouvertures du véhicule, je monte sur le siége du cocher qui est proprement vêtu, et le félicite sur la bonne tenue de ses chevaux, il me répond un *j'aime mes bêtes* qui ne m'étonne pas; il s'empare de ses guides. Je suis surpris de la blancheur et de la distinction de ses mains; il me fait la demande traditionnelle:

— Où allons-nous, bourgeois ?

— Au Jardin des plantes; vous passerez par le quartier des Halles.

En route et fouette cocher ! . . . .

Je fis arrêter auprès de la fontaine des Innocents pour en admirer les sculptures.

— Vous avez du bonheur, me dit notre guide, vous voyez les figures de Jean Goujon, elles sont d'un grand style et très-supérieures à celles de Pajou qui sont placées de l'autre côté.

Encore plus surpris de ce début, je lui demandai comment il avait pu prendre les connoissances artistiques qu'il paroissoit avoir.

Il me répondit qu'étant enfant d'ouvrier il étoit naturellement destiné à prendre un état comme son père, qu'ayant eu de bonne heure un goût irrésistible pour les belles choses, il avoit compris qu'un labeur incessant dans des ateliers fermés, le priveroit de la vue de ce qu'il aimoit, qu'il avoit choisi le métier de cocher facile à apprendre et qui lui laissoit les loisirs de la pensée, que dans ses longues stations il étudioit ce qu'il vouloit connoître, puis, soulevant un coussin, il me fit voir quelques volumes en me disant :

— Voici ma bibliothèque du jour, j'y toucherai peu aujourd'hui, car je vois avec plaisir que Monsieur aime l'art et veut bien me permettre de parler avec lui.

— Non-seulement je vous permets de parler avec moi, mais je vous prie et au besoin je vous supplie de vouloir bien m'exprimer vos idées sur Jean Goujon, car j'avoue que votre début m'a fortement intrigué.

— J'y consens, très-volontiers, Monsieur; par le temps qui court, c'est une bonne fortune d'avoir un bourgeois avec lequel on puisse causer.

Voici, me dit-il, un admirable échantillon de la Renaissance. Ces adorables sculptures nous racontent les amours et je dirai même les élégantes perfidies de ce monde chevaleresque. Jean Goujon, qui étoit leur interprète, a toujours représenté les femmes et les eaux; un grand poëte a dit, vous le savez : perfide comme l'onde; et François Ier écrivoit sur une verrière de Chenonceaux :

« Souvent femme varie,
Bien fol est qui s'y fie. »

Ce cocher lettré s'arrêta un instant dans son récit, et je fus surpris de l'expression amère qu'avoit fait naître sur ses traits sa dernière pensée.

Il parut faire un effort sur lui-même et continua:

L'égoïsme et la perfidie suintent des productions de la Renaissance.

La beauté féminine triomphe et abuse de son prestige pour humilier la force brutale.

Les artistes de ce temps nous représentent incessamment Hercule filant aux pieds d'Omphale, Dalila livrant Samson à ses bourreaux, ou la maîtresse d'un roi juif exigeant de ce puissant, abruti par l'amour, la tête d'un saint pour la mêler à ses joyaux. . . . . .

Léonard de Vinci, autre subtil interprète, donne aux Syrènes qu'il représente un éternel et indéfinissable sourire.

La femme repousse toutes les émotions qui peuvent diminuer sa beauté, elle se gardera bien d'altérer ce qui fait sa puissance; comme la mer, elle peut tout engloutir et rester calme à la surface.

Grâce à cet égoïsme, la froide Diane restera belle jusqu'à plus de cinquante ans.

Cet égoïsme féroce, vous le retrouverez chez notre sculpteur qui l'emploie au profit de son art.

Écoutez ceci :

On sonne le tocsin, des cris de mort se font entendre, des femmes, des vieillards, des enfants sont égorgés ; nous sommes au jour de la Saint-Barthélemy . . . .

Que fait Jean Goujon ?

Il se dirige vers son travail, cette tuerie lui rappelle seulement la fragilité de la vie. Lui, veut l'immortalité ; avare de sa gloire, que lui importent vos discordes civiles ? Il augmente la solidité de son radeau, de son œuvre, pour surnager sur vos flots de sang. . . . .

Suivons-le dans ses conceptions, voyons ces longues chevelures ondées qui se mêlent aux ondes véritables, ces draperies qui ondulent sur ces beaux corps aux mouvements ondulés. . .

Ce génie est un fleuve fait homme ; dans son parcours il voit tout, il touche à tout ; les rives fleuries, les frais ombrages, les poésies animées de la solitude. . . . Suivons-le toujours . . .

Nous rencontrons les monts arides, des digues naturelles s'opposent à son passage ; ces eaux entravées, esclaves, s'amoncèlent, brisent leurs chaînes et se transforment en cataractes sublimes. . . . . bouillonnantes encore, elles serpentent en fuyant autour de roches qui ne les arrêtent plus et forment des nattes argentées et fluides jusqu'au moment où elles arrivent pour se reposer dans un lac aux bords enchantés. . . . .

Voilà comment ses œuvres m'impressionnent, voilà les images qu'elles font naître en moi. Ici, je le trouve complet, il a son véritable cadre, je veux parler de ces gerbes humides blondies par leurs chutes, elles murmurent et nous empêchent d'entendre ce que disent ces naïades, animées par ce Pygmalion de la Renaissance. . . . .

Un artiste peut être uniquement peintre, sculpteur ou musicien ; s'il reste dans la sphère de son art, s'il en possède toute la science, il sera intéressant et méritera une place honorable dans la noble phalange ; mais ce qui le rend vraiment supérieur, c'est lorsqu'il ajoute à ses œuvres des qualités qui peuvent être en dehors de l'art qu'il professe; plus il apportera à sa base première, plus il sera grand.

Prenons pour exemple un artiste comme Scalf, il reproduira merveilleusement n'importe quel objet de la nature; ce ne sera pas, comme on le dit, de simples trompe-l'œil, vous trouverez dans ces toiles toutes les conditions de la bonne peinture, et une intelligence très-visible mais qui ne dépassera jamais le domaine pittoresque : *celui-là n'est qu'un peintre.*

Mais si au peintre dans la véritable acception du mot, vous trouvez le sentiment de la poésie, de la philosophie; si un grand cœur se manifeste, si vous découvrez encore ce sentiment de l'euphonie, cette musique céleste inséparable de toute belle pensée; oh! alors, vous n'aurez pas seulement un peintre ou un sculpteur, mais vous admirerez un grand homme.

Jean Goujon est de ce nombre. Ce sculpteur est peintre et poëte, et la mélodie de ses lignes égale les symphonies de Beethoven.

Cet artiste aimoit trop le paganisme pour croire au Dieu chrétien ; aussi est-il complétement dépourvu de tendresse, il ne voit, il ne chante qu'une chose, LA BEAUTÉ. Cet Athénien volontaire, cet émule de Phidias dans ce domaine éternel de l'art, célèbre son temps, il lui donne une forme palpable, comme son devancier avoit formulé le siècle de Périclès.

J'ai dit qu'il étoit peintre et je crois être dans le vrai. Ses bas-reliefs sont profonds, sans limites ; s'il sculpte la mer, sous son ciseau elle devient blonde et bleue, et par je ne sais quel mirage, le marbre, le simple marbre qui sert de fond se transforme en voûte étoilée.

J'ai dit qu'il étoit poëte, et j'en trouve incessamment la preuve dans ses images qui résument un monde de pensées et nous entraînent dans l'infini du rêve.

J'ai dit qu'il avoit le génie musical. Ne le sentez-vous pas comme moi, n'entendez-vous pas le bruissement de la mer, les taquineries d'un vent frais et doux dans les arbres agités, les murmures des eaux, et je ne sais quel chant lointain qui vient de la Grèce. . . . .

. . . .

Il avoit cessé de parler, ses mains avoient laissé tomber ses guides, les chevaux, habitués sans doute à ces distractions, avoient repris leur pose amicale.

Moi, étourdi, anéanti, je ne savois plus où j'étois, il ne fallut pas moins que l'impatience de mes bébés pour me rendre à la réalité, ils me tirèrent cette fois par les pans de ma redingote, en me disant : « *Papa, allons voir l'ours.* »

La voiture se dirigeoit vers son but et j'étois encore sous le poids de ma surprise, lorsqu'il me dit :

— N'avez-vous pas été frappé tout à l'heure de la grossièreté des gens qui grouilloient à la base de cette élégante fontaine qui est l'image vivante du milieu qui l'a créée, et ne trouvez-vous pas que ces êtres fangeux repré-sente parfaitement notre siècle?

— Vous êtes injuste en ce que vous prenez le seizième siècle dans sa plus poétique expression, tandis que vous choisissez la plus basse pour personnifier notre temps.

— Je sais que ma comparaison est violente, mais cependant vous m'avouerez que les passions matérielles ont tout envahi, que l'argent qui peut les satisfaire est préféré à tout, et que les êtres qui ont conservé un certain idéal sont bientôt victimes de cette idéalité qui n'a plus sa raison d'être; tandis que celui qui accepte franchement l'esprit charabia qui met *chous chur chous*, arrive rapidement à ce que l'on appelle la considération, et par ses gros sous accumulés, emploie à son profit, nous le voyons trop souvent, l'esprit des intelligents qui restent dans les bas-fonds sociaux.

Puis, voulant sans doute redevenir cocher, il ajouta :

— Enfin je prie Monsieur, qui doit s'y connaître mieux que moi, de vouloir bien m'expliquer l'abaissement moral de mes pratiques.

— Mon cher ami, je ne puis rien vous répondre là-dessus, ce sont des questions difficiles à résoudre, il faut pour cela être instruit et

avoir une intelligence que nous ne po u u n
avoir ni l'un ni l'autre ; si j'avois spéculé sur la
moutarde ou la braise, ou si j'avois fait de ces
grandes opérations financières qui ruinent
souvent de pauvres familles, mais qui parfois
donnent la fortune à des joueurs peu scrupu-
leux, je pourrois vous répondre parce que ces
choses élèvent l'esprit et le cœur, mais vous
n'êtes qu'un pauvre diable de cocher, moi je ne
suis qu'un modeste peintre ; je crois que le
plus sage parti pour nous est de ne pas
nous élever au-dessus de notre sphère, et
d'ailleurs ces questions frisent la politique et
il vaut mieux ne pas s'en occuper.

Nous en étions là, lorsque la voiture s'arrêta
à la grille du jardin ; je ne voulus pas le quitter
sans lui témoigner ma sympathie pour ses
idées sur l'art, je lui fis part aussi du désir que
j'avois de lui voir prendre sa vraie place dans
le monde. Il se mit à sourire et je fus de nouveau étonné de l'expression ironique et lascive
de sa bouche. . . . . . il fouetta ses chevaux et
disparut.

Je voulus savoir ce qu'étoit cet homme, pour cela je retournai à la station où je l'avois choisi. A mes questions, l'inspecteur me dit :

— Ah! c'est le prêtre.

C'était effectivement un prêtre déchu. . .

MONSIEUR X*** (1)

———

Tout naît, tout meurt, si je considère l'art du quatorzième siècle dans son ensemble, je vois les primitifs représenter des êtres jeunes; leurs formes sont grêles, simples et pures : voyez les portes du Baptistère, les peintures du Campo Santo, c'est tout un monde d'enfants.

Par Michel-Ange, l'art grandit, il se développe, devient plus robuste, les types changent;

(1) On aurait pu mettre sous les yeux de M. Ingres cette appréciation de son talent; je suis donc heureux et rassuré aujourd'hui, sachant que ces lignes, écrites depuis longtemps, ne deviendront pas une blessure pour un mérite bien réel, et pour un vieillard.

la force, l'énergie, le développement des formes sont en juste accord avec l'âge du talent.

Avec Raphaël, nous voyons paroître la passion; elle est contenue et ardente, comme un premier amour.

Après lui, par Primatice et tous les peintres de ce temps, nous avons tous les égarements de la luxure.

Plus tard, par Rubens, nous voyons cet art de la peinture, n'ayant plus les fougues désordonnées d'une jeunesse trop exubérante, l'ambition remplacer les saturnales; la peinture prend du corps, elle semble avoir de trente-cinq à quarante ans, comme à cet âge, elle n'a plus qu'un désir, celui de paroître.

Plus tard encore, par le Poussin, elle arrive à la maturité, elle devient grave, recueillie, elle fait un retour sur le passé, se résume et nous donne de beaux enseignements. Sa carrière semble terminée, sa tâche est presque accomplie. Lesueur paroît, c'est la dernière lueur vive de la flamme, c'est la sublime éloquence du mourant qui a bien vécu. Poussin lui survit encore pour envelopper ce grand art de la peinture Italienne d'un linceul en peignant le déluge.

Giotto, Ghirlandajo, Donatello avoient l'amour de la vie naissante. Raphaël est arrivé à ce point charmant de la floraison printanière; c'étoit l'amour de ce qui vit, dans son essence, dans son principe fécond. Michel-Ange possédoit la force, ce qui résume tout. Rubens imprégnoit sa peinture de fluide nerveux; amant de la vie, il donnoit à ses œuvres sa vie entière. Poussin est le sage, il a tout ressenti, il a tout dominé, il aime la vie dans son souvenir.

Nous possédons à notre époque, un artiste singulier, qui est un écho mourant de cet art qui n'est plus.

Celui dont je parle, est plutôt un grand phénomène qu'un grand artiste; il semble avoir une aversion profonde pour ce qui constitue l'existence.

S'il a un amour, c'est celui de la mort.

Il possède à un degré surprenant, la faculté de reproduire les objets dans leur caractère, dans leur physionomie, mais il faut pour cela, que la chose reproduite par lui soit morte ou immobile, c'est ce qui fait qu'il est souvent merveilleux dans la reproduction des types antiques.

Vous connoissez sans doute cette terrible opération que l'on nomme l'embaumement. Cela consiste à prendre un cadavre ; par une incision faite à l'artère carotide, on introduit, je ne sais quel poison qui se répand dans le sujet et donne au corps une teinte d'un rosé violet. Cette coloration est la même partout, elle veut simuler la vie, mais par le fait, elle est plus morte que la vraie mort.

Pour compléter ce travail monstrueux, on vide les orbites et l'on y place des yeux d'émail qui semblent rire et plaisanter le cadavre.

C'est infernal ! . . . . .

En voyant ce que je vous raconte, j'ai été frappé de la ressemblance de cette transformation humaine, avec les personnages des tableaux du peintre que je ne veux pas nommer.

Les grands artistes dont je parle plus haut,

se passionnoient pour une des beautés de la nature; soit la jeunesse, la force, la lumière; amants passionnés, ils se donnoient entièrement, faisoient un choix et restoient fidèles à leur amour.

Celui que je ne nomme pas, est comme la mort même : sans choix, il fauche tout de son pinceau.

Ses tableaux m'impressionnent comme une tombe ouverte, il me semble en sentir les odeurs humides, puis il me semble encore voir sortir des fantômes de jeunes femmes, aux yeux fixes et ternes, mates et plombées par une étrange fantaisie, il représente volontiers des sujets aimables, et entraîne ce qu'il reproduit dans l'empire des morts. Ses tableaux ont ce je ne sais quoi de la majesté du cadavre; tous ses personnages à gestes lents et calmes, semblent vous murmurer bien bas les secrets de la tombe.

. . . . . .Vous êtes bientôt glacé comme ceux que vous regardez; vous restez là, comme captivé, mais aussitôt que la vie se fait sentir en vous, vous fuyez, vous vous arrachez à ce spectacle sépulcral. Vous courez à la lumière pour vous inonder de soleil et vous laver des affres de la mort. . . . .

. . . .

Raphaël s'est immolé à la beauté; tous les grands artistes ont imprégné leurs tableaux de leur existence, et cet arrachement incessant à la source vitale, les a presque tous menés à une mort prématurée. Pour la beauté de leurs œuvres, ils se dépouilloient de la vie.

Celui duquel nous nous entretenons, ne fait pas de même; il garde pour lui toutes ses forces. Moins artiste que ses devanciers, il reste encore un des plus grands talents de notre temps; de notre temps actuel, car il est très-inférieur aux artistes de l'Empire. Ceux-là étoient nés d'une croyance nouvelle; tandis que celui-ci est retourné à un passé que beaucoup de gens regrettent, ce qui fait que sa réputation a eu tous les bénéfices de ces regrets politiques.

. . . .

Que de fois nous prononçons un mot sans en

comprendre toute la portée! Aujourd'hui que j'écris, par je ne sais quel singulier hasard, ces mots que je trace et qui m'apparoissent de façon nouvelle, me frappent et je les trouve merveilleux dans leur signification.

MAITRE, celui qui commande, qui dirige; il plane, il soumet, retranche ou impose; il est maître enfin, comme ce mot rend bien la fonction de ces grands hommes auxquels nous donnons ce nom de MAITRE.

— Voyez Michel-Ange, il domine sa conception, comme le Père éternel dans sa création de l'homme; il enveloppe son sujet de ses puissantes mains, il écarte ou ajoute selon son vouloir, son œuvre est son esclave.

Raphaël, Titien, Rubens, Véronèse, Corrége, Rembrandt, Poussin, et d'autres encore, soumettent tout à leur volonté créatrice.

Nous avons fait abus du mot: « maître, » que dis-je, abus? Nous n'en avons pas compris la vraie valeur et nous avons donné ce nom à des serviteurs.

Être un bon serviteur dans l'art, est encor

une belle chose ; n'est pas qui veut l'esclave de la nature et des maîtres.

Celui dont je viens de parler est de ce nombre, il est dominé par tout ce qu'il retrace. Serviteur intègre, il rend tout ce que la tradition lui prête ; intendant des artistes du passé, il a su garder religieusement leur mémoire et leurs cendres. Sa place est marquée à l'avance dans cette grande tradition italienne, comme celle des anciens serviteurs du moyen âge, aux pieds de ceux qu'il a fidèlement servis.

EUGÈNE DELACROIX

On a fait de Delacroix le chef de l'École romantique.

Je voudrois savoir ce que l'on entend par romantique dans l'art de la peinture.

Est-ce l'indépendance absolue vis-à-vis les
règles consacrées par le temps?

Est-ce une indifférence complète des belles
productions antiques?

Est-ce l'obéissance à ses propres instincts?

Est-ce l'imitation de la nature sans choix, et
acceptant ses beautés comme ses imperfections?

Répondez-moi, éclairez-moi.

Si c'est l'indépendance absolue vis-à-vis des
règles consacrées par le temps; comme ces rè-

gles ont été établies sur les sentiments les plus purs, celui qui ne s'y soumet pas, ou qui, tout naturellement à son insu n'y retombe pas, est un être mal organisé.

Si c'est l'indifférence complète pour les belles productions antiques, cette insensibilité en face de la beauté, de la noblesse, de la grandeur, donne à l'instant même, la mesure d'un esprit borné.

Si c'est l'obéissance à ses instincts, nous trouverons alors des expressions naturelles, sympathiques, souvent admirables, et l'on trouvera chez celui-là une parenté avec les plus grands ; sans le savoir, il devient l'émule d'Homère et de Virgile, de Shakespeare et de Cervantes, de Molière et de Rousseau, il est de la grande famille, et c'est l'offenser que de lui donner le titre de Romantique.

Si c'est l'imitation de la nature sans choix, et acceptant ses beautés comme ses imperfections ; mais cela dénote une compréhension supérieure qui plane, et comprend que tout à sa raison d'être.

Le poëte Racine compose son bouquet de roses seulement; Shakespeare y ajoute des feuilles et par cela même rend son bouquet plus splendide.

Si vous admettez Shakspeare comme romantique, alors je sais à quoi m'en tenir, et je me servirai de lui pour juger les romantiques de notre temps.

Pour moi, Shakspeare est le plus grand des poëtes. Comme tous les artistes, il a fait un choix parmi les richesses du monde, il a pris pour étude, pour culte, le cœur de l'homme. On dit : « Qui se ressemble s'assemble, » rien n'est plus juste pour Shakspeare; étant lui-même un grand cœur, il va au cœur de toutes choses. Du cœur qu'il connoît si bien, il tire tout ce qu'on en peut extraire : Amour infini, tendresses sans bornes, désespoirs, sanglots, expansions vers des mondes inconnus, négation, blasphème. Mais comment nommer tout ce qu'a produit ce génie, ce plongeur intellectuel, qui, des profondeurs de l'esprit humain, a rapporté les plus belles perles !

Ciseleur admirable, il ne laisse rien à faire après lui.

Si je n'avois pas la crainte de m'égarer dans une dissertation un peu en dehors de mon cadre, je crois que j'arriverois à faire comprendre que ce poëte possède toutes les règles exigées par les plus difficiles; bien plus, il possède encore d'autres règles qui lui sont propres, et qui augmentent les moyens d'expression de la poésie.

De ce que je viens de dire, il faudroit conclure que le mot de romantique n'auroit de signification, que pour désigner celui qui ignore ce que l'on doit avoir ou connoître, pour produire les œuvres de l'esprit.

A ce compte, Delacroix n'est pas un romantique, mais bien un classique incomplet.

Maintenant, revenons à notre peintre, voyons son butin et les éléments nouveaux qu'il apporte à la peinture, et comment il applique les règles éternelles de l'art.

Vous avez vu Raphaël choisir la beauté jeune;

Michel-Ange s'emparer de la force;

Corrége chanter l'amour.

Tous enfin, ont fait un choix facile à saisir; mais chez Delacroix, je vous avoue que je me trouve dans un grand embarras pour le signaler ce choix, cette marque distinctive de tous les génies connus jusqu'à nos jours.

Voyons, cherchons.

Je ne vois rien de nouveau en lui, mais je signale des désirs intelligents pour rendre les belles qualités des maîtres. Si comprendre est égaler, Delacroix égale les plus grands, car il paroît bien les comprendre.

Sa production est une célébration incessante des qualités admirées chez autrui.

Je vois deux hommes dans Delacroix, l'homme de talent et l'homme créateur.

Comme talent, il se fait écho de toutes les qualités pittoresques qui le charment.

Il faut qu'il enfourche un dada, il lui faut un appui; mais doué d'un sens exquis, il reconnoît et admire ce qui est beau dans l'art; aussi comptons-nous dans les nombreux parrains qu'il se donne, Rubens, Véronèse, Titien, l'antique, et particulièrement celui de la colonne Trajane.

Intelligent et insuffisant tout ensemble, la médiocrité de son faire lui constitue une fausse originalité.

Là où beaucoup de gens croient voir des créations nouvelles, je ne vois moi que des efforts malheureux pour reproduire les plus belles choses connues.

N'allez pas croire pourtant que ce peintre est inhabile; son faire est incomplet, parce qu'il veut donner une forme aux ténèbres de son esprit. N'étant nullement créateur, il veut en prendre le rôle, et, là où nos maîtres trouvent des mondes splendides, notre pauvre Delacroix ne trouve qu'un chaos. Il y a chez lui du Titan et du singe; il nous intéresse par ses ardeurs et ses chutes; il n'a aucune force, mais il possède des colères maladives que l'on aime à calmer par des applaudissements bienveillants.

Il a un côté plein d'attraits, en ce qu'il est sur la limite du génie; il auroit pu être un mer-

veilleux plagiaire, mais ardent et courageux, il
a voulu entrer dans ce ciel du génie qui lui
étoit entr'ouvert . . . .

C'est pour moi l'homme-chaos, il contient
tout en lui et ne peut rien formuler.

Il manquait à son organisation : l'ordre ; il y
avoit du feu en lui, mais comme il en usait mal,
sa flamme le dévoroit.

Je parlois de chaos ; parlons aussi des êtres de
notre globe qui sont comme à l'état d'ébauche,
de progression, ceux-là se tiennent dans les
bas-fonds terrestres, ils cherchent les profondeurs, ils cachent leur attente d'une vie meilleure ; si par hasard vous pouvez en surprendre
un, vous êtes étonné de trouver dans l'œil de
ce monstre quelque chose d'humain et de triste.
S'il se voit observé, il fuit comme pour cacher
sa honte, son enveloppe *reptileuse*. . . . .

Il en est de même pour certaines plantes
d'aspect funeste, qui semblent bien dire : « Fuyez-
moi, ne m'approchez pas, ne me troublez pas
dans mon humide solitude ; je végète, j'attends,
je suis soumise à l'épreuve, je souffre et j'envie

les privilégiés de ce monde; s'ils s'approchent de moi je les fais mourir. . . . . . »

Ces soupirs de damné, je les trouve dans les tableaux de Delacroix; ils m'impressionnent comme ce que je viens de décrire; là encore, je veux revoir le soleil, les mousses sèches et dorées, les belles fleurs saines, j'ai besoin d'air pur, je veux la vie sans craintes; il me faut enfin Rubens, Véronèse, Titien, Rembrandt, Corrége...... Qui sait, si plus tard l'esprit, ou pour mieux dire le génie que contenoit Delacroix, ne viendra pas dans une autre enveloppe ajouter un nom glorieux aux différents noms que je viens de tracer.

Jugeons maintenant la partie saine de son talent.

À son début, il nous donne un admirable tableau qui est le résultat d'une association; Géricault, génie robuste, savant, vient en aide à la foiblesse et donne, ce qui ne se voit jamais, une belle forme aux inquiétudes fiévreuses.

Ce tableau du Dante est merveilleux, il a des modesties, des pudeurs que Géricault n'a pas habituellement; il est plein de cette poésie triste, mélancolique, de ces êtres qui croient mourir jeunes; c'est enfin l'âme de Millevoye coulée en bronze par Géricault.

Plus tard, il nous donne encore une bien belle œuvre : son Massacre de Chio; quelle ardeur, quelle sympathie pour ceux que l'on écrase injustement! Ah! c'est que lui aussi souffre, il se débat, il lutte, il est accablé. Ces Grecs qu'il représente sont ses frères.

La Médée, excellent tableau, est un véritable Rubens empoisonné. . . . .

Puis de très-belles esquisses, parmi lesquelles on peut citer l'Assassinat de l'évêque de Liége et les Naufragés du Don Juan.

Enfin, nous arrivons au tableau préféré par ses admirateurs : l'Entrée des Croisés à Constantinople. Évidemment il est là complétement personnel, il n'a plus de tuteurs; Géricault le soutenoit dans son premier tableau, Gros lui servoit d'appui pour son Massacre, Rubens l'aidoit pour sa Médée.

Ici, il veut marcher seul, que va-t-il faire?

C'est alors que commencera sa production
ténébreuse . . . .
. . . .
. . . . Ces nombreux
points représentent les tableaux que je passe
sous silence.

Ce peintre restera par bien des œuvres. Ce
n'est pas un MAITRE, mais c'est un talent des
plus intéressants.

S'il n'a pas eu la puissance de créer, il a
eu cette sensibilité qui comprend les belles
productions humaines et qui sait les faire
 omprendre

DECAMPS

Revenons à la lumière, au soleil, parlons de Decamps : ce résumé de toutes les qualités pittoresques.

Dans son cadre il embrasse tout, il se fait écho de tout.

Ses tableaux me répètent les noms de Salvator, Téniers, Poussin, Titien, Rembrandt, Phidias... Ils me racontent notre monde, l'enfance, la vieillesse, la pauvreté, la somptueuse richesse, la guerre dans toutes ses horreurs, les riants coteaux, les villas ombreuses; ici, toutes les intimités de la famille, là, toutes les tempêtes de l'imagination. Véritable Shakespeare pittoresque, il traduit tout dans un adorable langage ; il rappelle les maîtres sans les copier, et raconte la nature en l'exaltant, il rend tout attachant, aimable ou terrible ; un rien, un simple couteau sur une table, peint par ce génie merveilleux, réveillera en vous tout un poëme ; moins encore, une simple ligne, un trait fait par lui est enchanteur.

J'ai eu le bonheur de voir ce grand artiste, il étoit très-simple ; vivant souvent à la campagne, sa mise étoit celle d'un chasseur un peu négligé, sa taille un peu au-dessous de la moyenne, sa tête fine, nerveuse et blonde : nos sous à l'effigie de Napoléon III, lorsqu'ils sont un peu usés, rappellent parfaitement Decamps. Il passoit pour intrépide chasseur, mais moi, qui l'ai vu de très-près et qui l'observois avec l'attention que me donnoit mon admiration pour son talent, je me suis aperçu que la chasse étoit pour lui un prétexte. Souvent je le voyois s'arrêter dans une plaine, il prenoit son fusil, et regardoit, on s'attendoit à une explosion ; pas du tout, après quelques instants d'arrêt, il remettoit son fusil sur l'épaule et continuoit sa chasse pour recommencer souvent le même manége. Il revenoit presque toujours le carnier vide à l'Auberge du Grand Vainqueur, dans le petit village de Verberie ; là, il prenoit un vieux registre qui lui servoit d'album, et avec ce qui lui tomboit sous la main, il retraçoit les effets qu'il avoit observés pendant ses moments d'arrêt. J'ai eu en ma possession, plusieurs de ces pages précieuses ; malheureusement pour moi, elles m'ont été volées.

Je me rappelle encore que, lorsque nous causions après le repas du soir, il rouloit dans ses doigts des boulettes de pain, puis avec des morceaux d'allumettes qu'il ajoutoit à sa pâte façonnée d'une certaine manière, il formoit des figurines charmantes. Je me rappelle surtout un chasseur suivi de son chien : l'homme paroissoit plier sous le gibier qu'il portoit, le chien fatigué suivoit son maître, l'oreille basse. C'étoit adorable ; enfin cet artiste extraordinaire faisait vivre tout ce qu'il touchoit.

Il aimoit peindre chez ses confrères. C'est chez un de nos amis communs que je lui ai vu préparer le charmant tableau : des Chevaux de hallage qui sont au Louvre. Son ébauche étoit rougeâtre, empâtée partout ; il employoit pour ses préparations beaucoup de brun rouge et de Sienne brûlée.

Il fit un jour devant moi un dessin. Je vis naître sous ses doigts la plus adorable tête d'âne qu'on puisse voir. Aussitôt qu'une des oreilles de l'animal étoit abandonnée par l'artiste, elle sembloit frissonner d'impatience d'avoir été retenue ; tout naissait à mesure, progressivement et complétement formé. On voyait successivement une vraie tête, un vrai cou, un vrai corps couvert de son poil ébouriffé ; elle avoit aussi un nom, la bonne bête, un vrai caractère, on auroit pu écrire son histoire.

Je viens de parler de ses amusements, mais lorsqu'il s'élevoit dans sa production, lorsqu'il créoitsa Bataille des Cimbres, je parle du grand dessin, celui où un énorme chariot est traîné par des bœufs, quelle énergie, quelle gran-

deur! On les voit ces hommes! on partage leur
ardeur ou leur crainte; on aide, on pousse, on
veut sauver les femmes et les enfants.

— Voyez là-bas: ils viennent, ils écrasent
tout sur leur passage. Quelle masse formida-
ble! Les pieds de leurs chevaux font soulever
d'immenses nuages de poussière, qui vont rejoindre les nuages du ciel qui semblent nombreux et armés comme les soldats qui couvrent
la terre; et là haut, voyez-vous? — Non. —
— Ou cela? — Ici. — Non, plus haut encore...
Cette nuée de corbeaux.... Ils attendent la fin
du carnage! .....

Ce n'est plus un dessin, ce n'est plus une
peinture, c'est un monde animé qui paroît
comme par enchantement, transformé en marbre merveilleux et doré par le soleil de la Grèce.
On regarde, on admire, on revient sans cesse,
sans jamais se fatiguer; on se sépare avec regret
d'une aussi belle chose, et la nuit on en rêve!

Je voudrois pouvoir vous parler de son Jo-
seph, du Samson, du Café Turc, des Singes cui-
siniers, du Supplice des crochets, et de toutes

ses merveilles; mais cela m'entraîneroit trop loin, je m'arrête bien à regret.

Decamps est une organisation rare dans l'art de la peinture, il a su donner au tableau de petite dimension des qualités de premier ordre. On pourroit citer les petites toiles des Rubens, des Rembrandt, et même des grands peintres italiens ; mais tous ces génies sembloient s'amoindrir, avec les dimensions restreintes de leurs tableaux ; tandis que chez Decamps, dans ses petites toiles, il reste l'égal des œuvres les plus considérables.

Pour certains talents, je puis hésiter à me prononcer. Mais pour celui-là, j'affirme qu'il gardera une grande place dans l'art de la peinture.

J'abuse un peu de la longueur de l'entr'acte, mais je m'étois égaré dans le lugubre, et je trouve qu'il vaut mieux le terminer par une bonne et franche admiration.

Maintenant, retournons à notre leçon

DE LA PEINTURE

C'est un grand préjugé de croire que nos couleurs ne sont pas aussi bonnes que celles employées par les anciens; elles ne diffèrent en aucune façon, elle sont les mêmes, les meilleures sont les plus simples et sont employées par nos peintres en bâtiment. S'il existe une différence, c'est dans le soin excessif apporté à certaines couleurs d'un prix élevé et d'une préparation compliquée, par conséquent mauvaises. Les rouges Rubens, les bruns Van-Dick, les verts Véronèse, etc., se composent avec différentes couleurs et donnent des tons tout faits aux amateurs qui croient, en employant des produits plus chers, avoir ce qu'ils appellent des couleurs fines. Mais direz-vous, pourquoi les tableaux anciens sont-ils d'une plus belle conservation que les tableaux modernes? Cela vient sans doute d'un plus grand soin apporté à la préparation des couleurs? Non.

Cela vient seulement d'un meilleur emploi.

Expliquons-nous :

Les ocres, les terres sont les plus solides. Celles obtenues par les procédés chimiques sont excellentes, lorsqu'elles sont employées avec franchise. Les bitumes, les laques peuvent être inaltérables.

Voici comment :

Employez, le plus possible, vos couleurs sans mélanges à l'état pur; s'il est absolument né-cessaire d'employer plusieurs couleurs, pour obtenir une coloration, ne dépassez jamais le nombre de trois; si vous dépassez ce nombre, vous introduisez dans votre peinture un principe maladif. Si vous arrivez aux nombres . 4, 5, 6, alors votre peinture n'a plus les conditions vitales, elle devient scrofuleuse, elle végète et meurt.

Simplicité dans la composition du ton, franchise dans l'exécution, voilà les principes qu'il ne faut jamais oublier.

Dans le nombre trois, qui est la limite des bonnes conditions, mélangez ces trois couleurs comme trois fils de différentes colorations; de façon qu'avec l'emploi de la loupe on puisse distinguer ces trois couleurs non mêlées, mais tordues, repliées sur elles-mêmes et se confondant le moins possible. Si dans des cas qui se présentent souvent, un quatrième ton est nécessaire, attendez que vos trois premiers soient pris; mouillez votre brosse d'huile de lin, composez avec votre quatrième ton un glacis et, avec légèreté et rapidité, sur la surface seulement, ajoutez votre quatrième couleur.

Demandez aux marchands ce qu'ils appellent

des couleurs broyées serrées, on obtient encore
de beaux résultats par la superposition; ainsi,
pour les chairs, préparez avec le bitume, le
brun-rouge ou le vermillon (vous pouvez avoir
un dessous ayant la coloration de l'ambre et une
préparation rappelant les anciennes sépias des
maîtres) vous laisserez sécher, puis vous mouil-
lerez à nouveau tout ce qui est ombre et vous
ménagerez avec soin vos lumières; si ces
lumières sont suffisamment ambrées dans leur
préparation, vous obtiendrez par un ton de
chair, simplement composé, toutes les nuances
délicates de la peau, par un écrasement plus ou
moins fort de la pâte.

Exemple :

Pour un ton de chair, dans la lumière, prenez : blanc de plomb, jaune de Naples, vermillon.

Empâtez vos lumières, écrasez plus ou moins
sur ce que j'appelle les lumières secondaires et,
par un phénomène vraiment singulier, vous

voyez naître des tons azurés qu'il est impossible d'obtenir autrement.

Autre guide, autre phénomène.

Je vous ai parlé d'une grande simplicité dans la composition des tons, de la nécessité de le⁵ mélanger avec une grande discrétion, et de prendre toujours des couleurs broyées serrées.

Si vous dépassez plus de trois tons, vous sentirez à l'instant même, moins de corps, moins d'élasticité dans votre couleur; les nombres 5, 6, la décomposent et, bien que vous n'ayez employé que des couleurs épaisses, votre ton devient flasque, visqueux et sans consistance; il est vraiment mort, si vous l'employez, il n'adhérera pas à la toile, il sèchera difficilement (j'en ai vu qui ne séchoient jamais), il noircira et finira par se détacher entièrement de la toile.

Maintenant, parlons des ombres.

J'ai dit qu'il falloit mouiller à nouveau par une préparation semblable au-dessous; il faut, pour le travail des ombres, plus de franchise encore que pour les lumières; c'est là qu'il faut poser et laisser la touche; dans le cas contraire, vos ombres deviennent lourdes et sans transparence.

Nous partons, comme vous le savez déjà, d'une préparation composée de bitume et de vermillon, soit deux tons. Vous savez encore que nous ne devons pas dépasser trois tons, comment ferons-nous?

Voici le moyen :

Vous attendez que votre préparation soit prise (avec le doigt appliqué sur la peinture, vous jugez si elle poisse suffisamment), puis, vous prenez de l'ocre jaune et du cobalt que vous mélangez, comme je vous l'explique plus haut, pour vos lumières, moins peut-être, si cela vous est possible, et vous posez la teinte d'un seul coup de brosse; ce coup de brosse entraîne nécessairement un peu de la préparation du dessous et atténue votre ton verdâtre; puis, avec une brosse longue, souple, que vous trempez dans une sauce composée d'huile cuite et d'essence, vous délayez du vermillon, ce qui vous fait une teinte à peu près semblable à celle d'un aquarelliste; avec cela, vous glacez légèrement votre ombre, ce qui vous donne un résultat des plus satisfaisants.

Ainsi, vous le voyez, bitume et vermillon, deux pour la préparation; ocre jaune et bleu de cabalt, deux encore, ce qui nous fait déjà quatre; puis le vermillon venant par dessus, nous fait une cinquième couleur; nous sommes loin de trois, mais la façon que je vous indique superpose les tons, mais ne les mélange pas, et par ce moyen ils restent inaltérables.

Les tableaux peuvent se juger par leur conservation. Les grands maîtres comprennent non-seulement les beautés de la nature, ils les rendent, les développent pour nous les faire comprendre; mais ils comprennent aussi les secrets vitaux de la matière. Rubens, qui est certes un des plus grands, est celui qui a le mieux compris les secrets dont je parle; sa peinture est d'une conservation admirable; elle est plus que conservée, elle s'est bonifiée par le temps. Nous en avons eu un grand exemple dernièrement par le nettoyage des tableaux de la galerie des Médicis; tout ce qui étoit peint par Rubens ou par Van-Dick, son égal, est resté pur. Cette peinture, dure comme le diamant, est inaltérable, mais ce qui étoit peint par des hommes médiocres ou retouché par de mauvais artistes, a disparu.

Le temps, comme vous le voyez, juge la peinture par les raisons que j'ai expliquées plus haut. Rubens, Titien, Corrége, Véronèse, Raphaël, Velasquez, Murillo, Van-Dick, Watteau, Greuze, etc., se conservent; les mauvais tableaux faits de leur temps, ne se conservent pas (1).

(1) A la page 35 on a fait un oubli. Il falloit ajouter, après le mot *davantage*, qui termine le feuillet, cette phrase : Je vous expliquerai en temps et lieu les mystères de la bonne composition des tons et la manière de les employer. — Maintenant que je vous ai révélé ces secrets, je vous dirai : gardez-vous d'altérer votre sentiment par des préoccupations de métier.

LE TITIEN.

Voici le plus grand des coloristes et, comme toujours, il est le plus grand parce qu'il est le plus simple.

Amant de la couleur, il ne la veut pas à demi, il veut la posséder entière, sans partage. Il a remarqué que la grande lumière atténuoit les colorations, aussi, il l'éloigne de son idole la couleur; cependant, cette lumière qui peut nuire, il l'accepte dans certaines conditions. Lorsque le soleil est sur son déclin, et que l'air est comme flambé d'or, la terre, n'étant plus éclairée par des rayons directs, est reflétée par une voûte embrasée; dans cette situation de l'atmosphère, les tons ont toute leur saveur, ils sont entiers, voilà ce qu'adore Titien.

Parlons maintenant de son exécution, qui semble être un véritable mystère.

Il ne faut pas croire qu'il peignoit en grisaille, comme bien des gens le supposent, non, j'ai eu le bonheur de voir un de ses tableaux resté à l'état d'ébauche. C'étoit d'une simplicité primitive, ses tons, un peu crus, mais d'une belle localité, sont empâtés résolument, il ne cherche en aucune façon la délicatesse dans la coloration. Il observe ses valeurs, il établit ses bases; c'étoit à un certain point, rustique, un peu barbare, et remarquablement peint partout; il laissoit sécher, puis il reprenoit avec un glacis de couleur neutre, et terminoit au pouce, comme il le dit très-bien lui-même.

Rien n'est plus simple, rien n'est plus franc, seulement, il ne faudroit pas s'aviser de faire avec ces peintures ce qu'on a fait avec le nettoyage des Rubens; car, là on perdrait toute la délicatesse; le mystérieux du ton est dû à un moyen d'une légèreté extrême qui flotte sur une base solide.

Chez ce peintre tout est grave, tout est profond, tout est recueilli. Titien, on peut le dire, a les mystiques splendeurs de la couleur.

Les sons de l'orgue me donnent des sensations à peu près semblables à celles que j'éprouve à la vue de ses imposantes colorations.

PAUL VÉRONÈSE.

Si ce n'est pas le plus grand des coloristes, c'est évidemment le plus grand des peintres. Il n'a pas dans la coloration les hautes saveurs du Titien, il ne possède pas, comme lui, le sentiment poétique de la couleur; mais, s'il est inférieur aux côtés que je signale, il a un clavier d'une si grande étendue, il se montre si merveilleusement doué pour tout ce qui constitue la peinture, qu'on se demande parfois si ce n'est pas le premier de tous.

Les qualités du Titien il les possède aussi, mais à un degré moins élevé; son dessin est moins ferme, il en est de même pour ses colorations : plus lumineux que ce maître, il a moins de savoureux dans le ton, mais il est plus délicat mais il est plus vrai, mais il est plus varié, mais il est plus aimable.

Parlons de sa façon de peindre, elle n'est pas la même que celle du Titien. Je n'hésite pas à dire que c'est la peinture par excellence, il n'y a rien au delà, c'est l'apogée.

Il peint en pleine pâte et au premier coup, les procédés dits vénitiens sont employés par lui, seulement pour certaines draperies, et avec tant de franchise qu'il n'y a aucun doute. Du reste, c'est simple comme les colorations d'images ; en dehors de cela, sa peinture est celle de tous les vrais peintres, mais supérieure.

Il mélange peu ses tons, dans les chairs qui exigent plusieurs couleurs, il échantillonne volontiers, il place des tons gris-verdâtres à côté de tons rouges ; l'éloignement fait disparoître ce qui pourroit choquer et donne de la force et en même temps une finesse extrême à la coloration.

Franc et beau coloriste, il n'a pas les ingéniosités des luminaristes. Sa peinture est très-lumineuse et reste dans les conditions du natu-

rel, sa lumière se répand partout. Il établira
bien une dominante comme éclat, et placera
dans son tableau une valeur foncée qui l'em-
portera sur le reste, mais il ne fera jamais ce
petit manége ingénieux des luminaristes qui
frise le système.

Sa peinture à grand orchestre, est remarquable par son ordonnance, il joue de toutes les
qualités de la couleur avec une maîtrise sans
pareille, dans ses immenses tableaux, la multiplicité pouvoit donner un échantillonnage désagréable. Que fait-il? Comme tous les forts il
simplifie avec art, il réunit ses fleurs par
groupe, je dis fleurs, parce que je les aime, et
qu'il me sera plus facile de me faire comprendre
par elles; eh bien, je disois donc, qu'il réunis-
soit et formoit des bouquets de rouges différents
avec des fleurs différentes et faisoit de même
pour les bleus, les jaunes, etc.

Lorsqu'il avoit disposé ses fleurs de cette façon, au lieu de diviser, de subdiviser à l'infini, il prenoit toute une zone de son tableau et
la coloroit avec son bouquet rouge, vert, ou

jaune, mais toujours varié dans ses valeurs.

Souvent il lui arrive de doubler, de tripler un ton; il fait ce que font les musiciens : dans les grands espaces, un pauvre petit violon ne seroit pas entendu, ils doublent, ils triplent la dose pour augmenter le son. Voilà ce que fait Véronèse pour ses immenses toiles.

Il aime comme tous les Vénitiens les colorations fortes, savoureuses, les harmonies héroïques, c'est-à-dire, celles obtenues par le juste accord des contraires; mais chez lui, sa peinture s'adoucit, prend une haute distinction par l'introduction de tons neutres, et surtout de ses beaux gris argentins répandus dans ses motifs d'architecture.

Sa façon est adorable, c'est d'une adresse qui ne se montre pas; comparez-la avec celle de Rubens : voyez la différence, chez Rubens, la main étonne, elle saute aux yeux; chez Véronèse, elle reste ce qu'elle doit être, suffisante pour rendre, et modeste pour ne rien troubler.

Sa peinture est vraiment virginale, elle a le velouté de la pèche; elle a encore la franchise de ceux qui se sentent jeunes et beaux, elle en a aussi les pudeurs comme je viens de le signaler pour son exécution.

Son dessin égale la beauté de sa couleur, il est élégant, candide, rien ne se manière chez ce peintre admirable; né patricien, il se manifeste sans efforts, il a la grâce de la vraie distinction.

C'est le meilleur maître à étudier, il est sans défauts; spirituellement naïf, personne n'a mieux rendu la nature, il a su la copier et la diriger sans l'altérer, c'est ce qui fait son charme infini.

LES COLORISTES ET LES LUMINARISTES

On est coloriste par les valeurs, par les colorations et par la lumière; il y a des coloristes luminaristes, comme il y a des coloristes purs et simples. Titien est coloriste et n'est pas luminariste, tandis que Corrége est coloriste et luminariste (1).

(1) Il faudroit joindre à ce livre des exemples dessinés pour bien faire comprendre les subtilités de l'art de la peinture. C'est ce que j'espère donner bientôt en ajoutant vingt-cinq dessins à cette méthode.

Les simples coloristes sont ceux qui se contentent de représenter les tons dans leur valeur et leur coloration, sans s'inquiéter de la magie de la lumière; aussi ceux-là donnent aux tons toute leur intensité.

Les luminaristes, le mot l'indique, prennent leur principe de la lumière, je prendrai trois noms pour me faire bien comprendre: Rembrandt, Corrége et Claude Lorrain qui sont de grands luminaristes.

Claude, prenant la lumière du soleil pour point de départ, justifie son procédé par la nature; vous savez qu'il part toujours d'un point lumineux et ce point est le soleil. Pour le faire briller il faut arriver à de grands sacrifices, car remarquez bien que nous peintres, nous partons toujours d'un ton de demi-teinte; nos tableaux n'étant pas éclairés par la lumière du soleil, et partant de ce point de demi-teinte, il faut par la magie des tons faire briller cette demi-teinte comme une chose lumineuse. Vous voyez que c'est un problème difficile à résoudre; comment fera le Claude?... Il ne copiera pas les tons exacts de la nature, puisque, partant d'un ton terne, il est dans l'obligation de le faire briller, il transposera comme en musique ; en même temps, il observera toutes les choses constitutives de la lumière, il remarquera que son rayonnement empêche de bien saisir les contours de l'objet lumineux, qu'ensuite la flamme est toujours enveloppée d'une auréole vive, puis d'une seconde un peu moins vive, ainsi de suite jusqu'aux tons les plus sombres. Enfin, pour mieux me faire comprendre encore, son tableau vu de loin représentera une flamme.

Corrége a aussi le même procédé.

Prenons pour exemple son tableau de l'Antiope.

La femme est brillante comme une flamme ; elle est enveloppée d'une peau de panthère ; ce ton fauve et doux forme la première auréole, puis vient ensuite une draperie bleu-clair, un peu verdâtre qui forme encore une seconde auréole. Le Satyre, lui, prend une coloration, ou pour mieux dire une valeur d'un degré au-dessus de la draperie et par ce fait constitue la troisième auréole. Lorsque le bouquet est ainsi formé, Corrége l'entoure de beaux feuillages plus ou moins sombres, mais qui vont toujours en s'assombrissant vers les extrémités de la toile. Ces gradations sont si bien observées que si vous mettiez le tableau à une distance assez éloignée pour ne pouvoir plus distinguer les personnages, vous auriez encore la représentation d'une lumière.

Je suis heureux d'avoir ce tableau sous les yeux, car il semble fait exprès pour la démonstration des différentes qualités de la coloration.

Maintenant, remarquons les valeurs et partons encore de l'Antiope. Sa chair est éclatante comme la flamme, donc valeur claire ; le Satyre, lui, est d'un ton brun, donc valeur forte ; l'enfant placé à droite du spectateur, par le jeu de ses ombres, prend une valeur égale à celle du Faune, il fait partie de la troisième auréole.

Vous voyez : valeur claire, valeur forte, puis les valeurs intermédiaires qui se trouvent entre ces deux valeur sopposées; viennent ensuite les valeurs sombres du fond.

Passons aux colorations et partons toujours de l'Antiope. Cette belle lumière est dorée, elle participe des tons orangés ; les tons fauves et doux qui l'enveloppent, donnuent plus d'étendue à la lumière, voilà pour le ton chaud et clair ; vient ensuite le bleu-clair, qui, en juste mesure, balance l'importance du centre lumineux et qui oppose à un ton ardent une fraîcheur. Vous voyez : ton chaud l'orangé, ton froid le bleu ; puis les colorations rougeâtres et fortes du fauve, combattues ou rafraîchies par les tons verts du fond ; voilà bien notre règle de tons chauds et de tons froids en juste accord, et l'assemblage des contraires qui se plaisent ; comme l'orangé avec le bleu, le rouge avec le vert.

Je ne crains pas de me répéter dans mes explications ; mes répétitions se faisant avec des différences, j'aurai, comme cela, l'espoir de me faire mieux comprendre.

Je vous conseille de faire encore une esquisse de ce tableau, afin d'avoir toujours devant les yeux les lois constitutives de la coloration.

Chez Rembrandt, même principe lumineux : son tableau est toujours contenu dans une flamme. Coloriste par les valeurs bien plus que par les colorations, ce que j'explique en ce moment est encore plus palpable dans ses peintures.

Chez tous les maîtres, invariablement, vous trouverez le sentiment de la base; la base ambrée, dans le Titien, la base grise chez Véronèse, la base bitumineuse chez Rembrandt; comme des architectes, ils bâtissent sur des fondations fortement établies.

Sur ces bases, fleurissez, mais gardez-vous bien d'oublier vos assises; laissez-les paroître, à différents intervalles, c'est à ces conditions seulement que vous construirez bien un tableau dans sa coloration.

On a cru longtemps que l'harmonie dans la couleur s'obtenoit avec des tons analogues; c'étoit une bien fausse idée.

L'harmonie véritable vient de l'accord des contraires; les couleurs ont des sexes différents, nous en avons de mâles et de femelles, à tel point que le rouge, qui est certes le ton le plus robuste, n'est véritablement heureux et complet que lorsqu'il a pour compagne la couleur verte; l'orangé à son tour demande la couleur bleue, c'est l'antithèse, la loi immuable. Ces harmonies, qui seroient trop robustes si elles étoient employées sans adoucissement, se modifient par les tons neutres : les blancs, noirs et gris. Cependant, si vous avez à représenter un Dieu ou une figure qui doit dans votre tableau l'emporter de beaucoup sur les autres personnages, employez franchement l'accord des contraires; dans la ligne comme dans la couleur, c'est par ce moyen que vous arriverez au grand caractère.

Déjà, en parlant de la copie d'un simple morceau de nature, je vous ai dit qu'il falloit établir ses dominantes de clairs et de noirs, vous ferez de même pour vos tableaux. Il faut une lumière principale, toutes les autres lui seront subordonnées et doivent s'éteindre en s'éloignant vers les extrémités de la toile; même principe pour les foncés, mais dans le sens inverse, c'est-à-dire que les valeurs fortes doivent s'amoindrir en s'approchant du centre.

Vous pouvez encore arriver à des effets charmants par d'autres moyens. Voici comment : vous établissez une base claire et vous brodez sur elle des valeurs foncées ; mais dans ce cas, il faut être sobre vers le centre et soutenir les noirs vers les extrémités, en ayant bien soin, arrivé à cette limite, de lier les valeurs fortes à d'autres valeurs secondaires pour fermer sa composition. Si vous oubliez mes recommandations, vous ferez, comme on dit très-justement, des mouches dans du lait.

Ces effets sont agréables, la nature nous les donne par ses splendides couchers de soleil ; au moment où il va disparoître, la terre est entièrement dans l'ombre, le ciel est encore inondé de lumière et vous avez alors deux valeurs opposées : la valeur forte et la valeur claire ; puis le soleil, dominante lumineuse, puis encore des échos lumineux, par les nuages qui vont s'affoiblissant comme éclat en s'éloignant du centre ; presque toujours des vapeurs sombres couronnent ces magnificences. Vous le voyez, un coucher de soleil vous donne les conditions d'harmonie et de beauté d'un tableau.

Ce que je cherche à vous démontrer, les anciens l'expliquoient avec la grappe de raisin. Chaque grain, disoient-ils, représentoit un personnage, et là où la lumière frappoit avec force, le grain ou le personnage du tableau devoit être lumineux et violemment reflété; toujours en suivant la même comparaison, les grains de la grappe éloignés de la lumière, prenant de la force dans leurs ombres, montrent encore ce qu'il faut faire pour les personnages du tableau.

Faisons notre addition :

> La base avant tout ;
>
> L'accord des contraires : *rouge-vert, jaune-bleu* ;
>
> La dominante lumineuse et centrale ;
>
> Les valeurs sombres s'augmentant vers les extrémités.

Total : De bonnes conditions d'harmonie.

Il n'y a que trois couleurs primitives : le rouge, le jaune, le bleu.

Vous remarquerez que l'arc-en-ciel fait l'office du peintre, il mélange et obtient les tons primitifs consacrés.

Trois, c'est bien peu; mais vous allez voir qu'avec des différences de valeur et de coloration vous pouvez arriver à un clavier immense.

Prenons les Rouges.

Vous obtenez par les valeurs sept rouges variés, vous pouvez en avoir au moins autant par des différences de coloration.

Rouge absolu, rouge laqueux, rouge jaunâtre, rouge violacé, rouge rosé, rouge cramoisi et j'en trouverais encore, mais cela doit vous suffire pour comprendre.

Vous appliquerez ces mêmes variétés de valeurs et de coloration aux autres tons primitifs, puis en ajoutant les tons neutres, que vous soumettrez aux mêmes règles, vous aurez, comme je vous l'ai dit, un clavier d'une immense étendue.

DE L'ÉBAUCHE.

Je voudrais vous garantir d'un écueil, celui de la trop belle ébauche.

Un tableau doit s'établir dans ses bases, dans ses lignes, dans ses colorations; mais on doit se garder d'apporter dans tout cela de la coquetterie comme façon; si vous le faites, votre travail devient séduisant, il vous paralyse, et lorsque vous voulez pousser votre exécution plus avant, vous avez le désespoir de remplacer des morceaux agréables par des choses plus faites comme main, mais exprimant moins comme sentiment; vous n'avez plus la satisfaction de bonifier votre œuvre et je dis même que la crainte d'amoindrir vous mène fatalement à détruire ce que vous aviez trop bien commencé.

Trop bien commencé n'est pas la juste expression, je dois dire ce qui semble bien commencé.

Il faut se garder de se flatter dans ses moyens d'exécution; vous entourerez votre toile d'un cadre, mais lorsque votre tableau sera véritablement fait, vous le travaillerez dans sa bordure, mais pour des retouches sans importance.

Soumettez vos toiles aux jours les plus défavorables et maintenez-vous toujours dans le désir incessant de perfectionner vos œuvres.

Pour en revenir à l'ébauche, si elle est vraiment bien, vous serez satisfait en voyant un morceau plus fait, de voir une grande différence entre la partie terminée et la préparation; cela vous donnera du courage, vous aurez hâte de tout finir et vous arriverez rapidement à faire un bon tableau.

Une belle ébauche peut séduire votre entourage; des amis, des confrères, peuvent admirer sincèrement ce que vous aurez commencé, cependant il faut finir, il faut exprimer davantage; vous êtes écrasé par votre réussite, la crainte s'empare de vous et vous sentez très-bien que vous n'irez plus avant qu'avec une main tremblante. Dans ce cas, arrêtez-vous, prenez une autro toilo, copiez votre préparation, conservez celle qui a excité l'admiration, servez-vous d'elle comme d'un guide et osez tout sans hésitation sur la seconde ébauche.

Ceci me rappelle une petite épreuve faite par moi vis-à-vis de mes amis.

J'avois, selon leur dire, réussi parfaitement l'ébauche d'un tableau, c'étoit si bien, disoient-ils, que je ne pouvois qu'altérer ce que j'avois préparé.

J'avois point dans cette toile une tête de femme qui me paroissoit bien supérieure à sa préparation, mais ce n'étoit pas l'avis de ceux qui m'entouroient; ils disoient que je n'avois pas su conserver le sentiment primitif.

Troublé dans mon travail, voici ce que je fis:

Je m'enfermai dans mon atelier, et j'exécutai une seconde ébauche, je peignis la tête de femme au point où elle étoit sur la première toile et lorsque mes amis revirent le tableau, ils ne s'aperçurent pas de la substitution. Seulement, ils ne cessoient de regretter ces fameux dessous qui disparoissoient de jour en jour pour faire place à des choses plus exprimées.

Chaque jour, lorsque j'étais seul, je prenois la toile cachée et je la mettois en comparaison avec mon travail nouveau et il me sembloit bien qu'il étoit supérieur au premier.

Enfin je termine, mes amis paroissent médiocrement satisfaits et tous se mettent à dire : quel malheur qu'il n'ait pas conservé son ébauche, c'étoit un véritable chef-d'œuvre !

— Mes amis, consolez-vous, ce que vous regrettez est conservé. J'ai trop de confiance en vous pour détruire ce que vous admirez !

Je vais vous la montrer, cette fameuse préparation, nous la placerons auprès de ce tableau et nous pourrons juger de sa supériorité.

Ce qui fut dit fut fait

— Est-ce possible ! non, ce n'est pas cela, ce n'est pas celle que nous avons admirée, car entre ce que nous voyons et le tableau il y a une grande différence, tout à l'avantage de ce dernier.

— Si, mes bons amis, c'est bien elle et si

vous voulez bien me le permettre, je vous expliquerai le pourquoi de votre étonnement.

Lorsque vous avez vu cette esquisse, vous ne connoissiez pas le sujet que je traitois et le spectacle de cette toile étoit nouveau pour vous, vos impressions étoient fraîches et vives; avec le temps vos sensations se sont émoussées, vos appétits d'admiration se sont calmés et vous avez regardé avec indifférence et cela bien naturellement, ce qui au commencement excitoit votre admiration . . . . : . . . .

S'il faut prendre de ces précautions avec ses véritables amis, jugez combien il faut se mettre en garde contre ses ennemis.

DE LA COULEUR DANS SA GRANDE EXPRESSION.

Il ne faut pas croire que celui qui reproduit exactement la couleur est un coloriste.

Comme le véritable dessinateur, le vrai coloriste épure, embellit.

Comme un vrai artiste, il apportera dans la coloration toutes les lois de l'art :

Le choix, le développement, l'exaltation.

Je ne puis m'empêcher de penser à nos critiques qui, par le fait de leur innocence, font toujours des divisions bien tranchées de coloristes et de dessinateurs ; persuadés qu'ils sont, qu'un dessinateur ne peut pas être coloriste et qu'un coloriste ne sera jamais dessinateur. A tel point que, lorsqu'un tableau leur paraît affreux de couleur, ils y trouvent forcément des qualités de dessin ; mais si au contraire, une œuvre présente des qualités de dessin incontestables, il faut, et vous ne pourrez jamais les en faire démordre, que ce tableau manque de coloration.

Ils ne savent pas que tout est dans tout, et que la valeur de l'exécution d'un tableau est en juste accord avec sa conception.

Chez les grands artistes il y a choix, entraînement pour une beauté qui les captive ; comme de véritables amoureux, ils sacrifient tout à leur passion; mais entendons-nous, sacrifice n'est pas insuffisance. Chez les grands, comme Raphaël, Poussin, l'absence du coloris est un abandon volontaire; ils ont du reste, des colorations qui leur sont propres et d'un ordre supérieur, qui concourent à l'expression de ce qu'ils veulent faire sentir. Les nobles esprits éloignent de leurs œuvres les côtés fleuris, ou ne les acceptent que dans une très-petite mesure. Les deux noms que je cite ont prouvé qu'ils pouvoient être coloristes, et les tableaux où ils manifestent ces qualités ont peu d'importance dans leurs œuvres.

Maintenant si nous nous tournons vers les coloristes, Rubens se présente comme le roi de la coloration; mais tout roi qu'il est, il ne vaut pas Raphaël qui est un véritable ange. Rubens est de la terre, ses qualités sont humaines; il s'élève peu dans le domaine de l'esprit et se trouve plus à l'aise dans celui de la matière. Sa poésie à lui c'est le bouquet, ce qui flatte, ce qui brille, il a enfin ce qui constitue un vrai coloriste.

Mais cela n'exclue pas en lui des qualités de dessin. Si Raphaël sait trouver une coloration sobre, chaste ; à son tour, Rubens sait trouver un dessin, et un beau dessin, qui lui est particulier et qui aide à l'expression de son magnifique coloris.

On dit que les fleurs ont un langage, la couleur qui est le côté fleuri de la peinture a aussi son langage.

Il y a des harmonies gaies, souriantes ; il y en a qui sont fatales, lugubres. Enchâsser une scène triste au milieu de tons éclatants est un contre-sens ; tout dans une œuvre doit concourir au sentiment que l'on veut rendre. Si c'est la douleur que vous avez choisie, que tout chante la douleur : lignes, couleur, arbres, ciel, que tout se voile. Cherchez les harmonies sinistres, vous les trouverez dans les plantes vénéneuses et dans les animaux dont la morsure donne la mort. Les terrains arides, dévastés, comme les âmes en peine, les arbres foudroyés, toutes ces choses rassemblées feront, pour ainsi dire, entendre un hymne à la douleur.

14

La violence trouve son expression dans les tons heurtés, intenses, la couleur entière, brutale, sans mélange. Que vos coups de pinceau frappent comme le glaive. Si vos personnages s'entretuent, que les nuages placés au-dessus de leurs têtes s'enroulent, s'étreignent, se combattent, que la foudre les traverse. . . . . .

Mais éloignons-nous du carnage. Laissez-moi vous montrer des sujets plus simples et plus beaux et pour lesquels les plus brillantes couleurs seront nécessaires.

. . . .

Lève-toi, soleil, chasse les ténèbres, montre-nous nos belles campagnes imprégnées de la rosée du matin, les marguerites, étoiles terrestres, qui s'ouvrent pour s'inonder de ta lumière; les richesses des nuages colorés par tes rayons, puis l'immensité, le bleu profond du ciel. Étoiles, qui paraissez encore, mondes inconnus, qu'êtes-vous? Sommes-nous destinés à vous rejoindre? Je ne sais. Mais les oiseaux qui chantent sous la feuillée semblent adresser une prière au créateur; ils sont simples, ils ne doivent pas se tromper, faisons comme eux.

J'entends les clochettes des troupeaux, les travaux de la terre commencent; un attelage de bœufs, soumis au joug, passe près de moi. Une épaisse buée sort de leurs naseaux. Forts, puissants, ils sont soumis, ils travaillent aujourd'hui, demain, toujours. Ils donnent ce qu'ils peuvent donner, ils sont simples, ils ne doivent pas se tromper, faisons comme eux.

La journée est remplie, les charriots sont pleins, les moissonneurs fatigués reviennent couchés sur les gerbes qu'ils ont moissonnées; ils paraissent heureux d'avoir assuré au nid, à la famille le pain quotidien; ils sont simples, ils ne doivent pas se tromper, faisons comme eux.

Le laboureur trouve au seuil de sa demeure, sa femme, elle allaite son nouveau-né; il s'inquiète d'elle car il sait qu'elle s'oublie, qu'elle se sacrifie toujours pour son enfant. Dans sa simplicité elle se croit l'associée de Dieu, elle veut s'acquitter de sa mission; elle est simple, elle ne doit pas se tromper, faisons comme elle.

Faisons comme elle, nous, artistes ; ayons au cœur le sentiment maternel. N'avons-nous pas aussi les douleurs des entrailles du cerveau ; ceux que nous nourrissons de notre expérience, nous arrachent le sein ; bien peu nous récompensent de nos peines. Nous donnons, on nous dépouille. Donnons, donnons toujours ; cessons de nous plaindre, car le bonheur n'est pas de prendre, *le bonheur est de se donner*. Beaucoup diront, ils sont simples ; si nous le sommes, nous ne devons pas nous tromper.

Éloignez de vous les sujets horribles ; votre mission est une mission de paix et d'amour. Les richesses du sol, nos bons sentiments humains suffisent à vos inspirations ; tout a sa place dans ce monde ; les fleurs ont été créées pour réjouir la vue. Vous, peintre, vous êtes né pour faire aimer et comprendre les beautés de la terre et non pour nous épouvanter.

DE LA COMPOSITION.

Ce que je viens d'écrire est plus applicable à la composition qu'à la couleur; je répare ma faute en réunissant les deux articles; de cette façon il n'y aura pas interruption dans ma pensée, et l'ordre si nécessaire ne sera pas détruit.

La division est de première nécessité pour l'élève qui commence; mais cette division n'est possible qu'à la condition de taire bien des choses; c'est une mutilation inévitable faite au profit de celui qui débute.

Si nous nous affranchissons des liens de la division, nous ne nous affranchirons jamais de certaines règles élémentaires. Je vous ai signalé l'importance des valeurs; je vous rappelle, en ce moment, le conseil du départ pour la composition.

Vous devez toujours porter sur vous un album, et retracer en quelques lignes les beautés qui vous frappent, les effets saisissants, les poses naturelles. N'oubliez pas de vous faire fourmi, abeille; butinez, ayez le plus tôt possible un grenier d'abondance; exercez-vous dans la composition, mais toujours avec les éléments dus à vos observations.

Vous avez fait connoissance avec nos beaux maîtres. Dans les lieux publics que je vous ai désignés, vous avez dit souvent : Ceci est comme André del Sarte; ces femmes au lavoir nous rappellent, par leurs ajustements, les figures du Poussin. Le Poussin, vous le retrouverez souvent en regardant la nature. Dans vos promenades matinales, lorsque le soleil sera tamisé par une immense nappe de nuages, alors que les tons reprennent toute leur valeur, suivez ce petit sentier, regardez cette route qui monte, puis descend, tourne pour reparaître encore; n'est-ce pas? c'est comme Poussin. Et là, au fond de ce vallon, ces grands arbres au feuillage vert sombre, aux masses imposantes, c'est encore comme Poussin. Mais le vent fraîchit, le ciel s'ouvre; de belles montagnes de nuages blancs s'élèvent, elles sont traversées par des lignes noirâtres qui annoncent l'orage : Poussin encore. Cet amant de la nature, vous le rencontrerez partout; peut-être que là où vous marchez vous retrouverez la trace de ses pas. Mais le vent souffle avec violence; enveloppons-nous, maintenons nos chapeaux. Quelle tempête! quel orage! Vous marchez à grands pas, vous voulez revenir au gîte, c'est votre seule pensée; vous regarderez la nature une autre fois. Mais, pour moi, pour celui qui vous guide, relevez la tête, et au travers des nappes d'eau qui coulent de vos coiffures, regardez : c'est le déluge du Poussin... On croit généralement que ce maître interprète, crée un style qui rappelle un peu la nature, mais qui cependant est conventionnel. Non, il copie. Le jugement porté sur lui vient de notre corruption. Nous avons pris si bien les habitudes du mensonge, que la vérité, lorsqu'elle se montre à nous dans sa grandeur, dans sa fierté, nous trouble, nous intimide; nous baissons volontiers les yeux. Cette feinte modestie nous dispense de lui rendre justice . . . .

Aimer, voilà le grand secret; l'amour fait voir. Nous sommes toujours étonnés des tendresses des parents pour leurs enfants et des qualités qu'ils trouvent en eux; nous croyons qu'ils se trompent, et c'est nous qui nous trompons. Notre étonnement à la vue de certains amoureux, dont l'objet aimé est loin de justifier leur passion; nous croyons encore naïvement qu'ils sont aveugles et qu'ils se trompent; eh bien! non encore. Moi je soutiens qu'ils sont voyants, et que, regardant les uns avec sollicitude, les autres avec cette religiosité que donne l'amour, ils découvrent, par le fait de leur grande attention, des beautés, des charmes que nous nous empressons de nier en bayant aux corneilles.

Lisez un livre avec peu d'attention, parcourez les premières pages; sautez vingt feuillets, puis quarante; arrivez au dénouement de suite. Quel plaisir aurez-vous pris à cette lecture? Vous n'aurez certes pas l'outrecuidance de juger cet ouvrage, et vous attendrez pour cela une parfaite connaissance de la chose. Mais voilà que par le fait d'un bon vouloir, vous lisez feuille à feuille, l'ouvrage vous captive, vous ne le quittez que lorsqu'il est fini, pour dire : ce livre est admirable !

Il en sera de même pour la nature, si vous la lisez page à page.

Vous avez été devancé, partout vous avez trouvé les traces des peintres les plus célèbres ; mais il en est quelques-uns qui paroissent avoir butiné ailleurs que sur notre globe, et cependant leurs tableaux représentent les choses de notre terre, mais comme transfigurées et devenant par cela même un monde à part. D'où cela vient-il ? Cherchons ensemble. Lesueur est de ce nombre. Qu'est-ce que Lesueur ? Qu'a-t-il fait pour grandir ? Ses études préparatoires doivent être immenses ! Que de travail il faut pour arriver à créer ces merveilles ! Vous avez trouvé bien rarement ses traces ; c'est que ce peintre divin a sa source en lui-même. Poussin prend à la nature ; il regarde, retrace, copie. Lesueur,

lui, obéit à ses instincts; sans recherche, sans
fatigue, il peint comme l'oiseau chante. Le
monde est en lui; mais le monde comme il devrait être et non comme il est. Enfant de la vraie
vérité, il ne connaît qu'elle, ne peut connaître
qu'elle; les personnages de ses tableaux agissent
comme il agirait lui-même; ils sont simples et
bons, croyants et soumis, ils ont tous une même
âme : celle de Lesueur. C'est tout un monde de
justes. Il découle de cette simplicité d'action résultant d'un foyer immense qu'il a en lui une
harmonie sans bornes; tout ce qui sort de lui est
vraiment né, créé, et tient si bien à la même
source, que les arbres, les ciels, comme les
hommes de ses tableaux, semblent avoir aussi
une même âme.

Lesueur, c'est l'enfant comme il devrait être :
obéissant à son cœur, à son dieu. Par son extrême soumission, tout lui paraît facile, et,
comme Raphaël, il ne comprend pas que l'on
admire ce qu'il produit; c'est si simple pour lui.
Il est si bien dans la voie divine, il sent si bien
que ce qu'il fait n'émane pas directement de lui,

mais de son Dieu, qu'il n'en tire aucune vanité. Écho imparfait de ce qu'il ressent, son travail est pour lui de peu de valeur; mais simple de cœur, il accepte son infériorité, *il ose s'avouer*, et devient abondant par humilité. Plus il s'élève, plus il se croit petit; *c'est ce qui fait sa grandeur!* . . . Poussin voit, comprend, veut faire comprendre; il enseigne, il châtie. Il y a dans son œuvre les violences d'un esprit contesté; il affirme trop et ne sait pas toujours convaincre. Lesueur aime, console et ramène tout le monde à lui.

Vous avez vu par vous-même, vous avez vu par les yeux des maîtres, et je vous entends dire :

« Que pouvons-nous faire aujourd'hui? tout a été fait! Nous avons tout regardé, et chaque beauté a son interprète.

» Raphaël a rendu la jeunesse dans toute sa splendeur; Michel-Ange, la force et la puissance; les Gothiques, la foi; Titien, les magnificences de la couleur; Véronèse, ses richesses; Rubens, son éclat; Rembrandt, sa sombre poésie; Greuze, la fraîcheur; Watteau, la galanterie.

» Autour de ces grands hommes se groupent d'autres génies secondaires qui complètent leurs richesses et qui n'ont rien laissé pour nous. »

Eh bien! vous me permettrez d'espérer encore, moi qui vous ai menés jusqu'ici. Je vous aurois rendu un bien triste service, si mon enseignement devait aboutir à un pareil désespoir.

Tout est nouveau, tout est à faire. Je vais me faire comprendre.

La nature humaine est toujours la même; mais les changements d'états, de religions, de croyances, font, que les sentiments humains se manifestent de manières nouvelles; ils prennent d'autres formes, ils prennent d'autres aspects, et font naître incessamment des arts nouveaux. Ainsi pour nous, Français, nous sommes évidemment environnés de richesses inexploitées. N'accusons pas avant d'avoir fait un retour sur nous-même, et voyons bien si la paresse de notre esprit n'est pas la seule cause de notre insuffisance.

Je ne vous ai pas fait étudier les maîtres pour quo vous retombiez toujours dans les chemins tracés. Ces études étoient indispensables pour vous donner un bon langage. Maintenant que vous le possédez, parlez; mais parlez pour raconter votre temps.

Pourquoi cette antipathie pour notre sol, nos mœurs, nos inventions modernes? Qui peut la justifier?

Vous dites : mais les anciens n'ont rien fait de semblable! Par une bonne raison, c'est qu'elles n'existoient pas; mais s'ils avoient eu les mêmes bénéfices que vous, soyez certains qu'ils en auroient profité. Vos ressources sont immenses et vous les abandonnez; cela n'est pas par inintelligence, mais, comme je le dis, par paresse d'esprit, par habitude.

« Mais les peintres sérieux ne font pas cela. Ils ont probablement de bonnes raisons à donner, et d'ailleurs vous voyez que tous ceux qui touchent à ces choses modernes ne sont que des talents incomplets et ne donnent que des résultats misérables. »

Je parlerai bientôt de ce que vous appelez peintres sérieux; mais parlons d'abord :

De la locomotive.

Au moment du départ, tous sont à leur poste; la puissante machine fait briller ses cuivres à la lumière; son brasier pétille et semble vouloir éclairer la route qu'elle doit parcourir. Regardez cet homme au milieu, il domine; la main placée sur l'aiguille, il attend le signal. Comme il est fièrement campé! sa mission l'a grandi; il sait que la plus petite erreur peut compromettre la vie de ceux qu'il dirige. Voyez ces chauffeurs reflétés par la fournaise, puis ce phare, ce surveillant qui guette... Sur ce char grandiose et moderne, je vois l'intelligence, la force, la surveillance... Quel beau tableau!

« Mais on a peint non pas une, mais des locomotives, et c'est horrible à voir. »

Je connois les tentatives dont vous parlez, elles sont misérables; ces peintres n'aimant pas ou, pour mieux dire, ne comprenant pas ce qu'ils faisoient, ont cru devoir amoindrir ce qu'il falloit développer. J'ai vu, comme vous, des espèces de poêles à frire surmontées de petits tuyaux desquels s'échappoient de petites fumées, et c'est cela qui vous représente une locomotive. Vous êtes faciles à satisfaire. Quoi! cette force étrange, mystérieuse, qui contient un volcan dans ses flancs; ce monstre à carapace de bronze, à gueule de feu, qui dévore l'espace, ou plutôt cette civilisation faite machine qui broie tout ce qui lui résiste... moi je trouve qu'il faut pour la bien rendre des toiles plus vastes et des talents plus robustes. Croyez-moi, la locomotive n'a pas été rendue.

Des ouvriers.

Avez-vous regardé avec attention les échafaudages qui s'élèvent pour la construction de nos monuments, ces immenses chèvres d'une force énorme qui prennent les pierres les plus lourdes et les élèvent dans l'air? Avez-vous remarqué la physionomie de nos ouvriers qui, affranchis aujourd'hui des labeurs de la bête de somme, ont repris de la dignité et semblent être

les directeurs des forces que le génie mécanique
a mises à.leur disposition? Leur port est plus
digne, leurs vêtements mieux tenus ne sont pas
dépourvus d'une certaine élégance. Regardez
bien ces jeunes garçons si bien découplés, si
bien pris dans leur ceinture rouge, leur tête généralement belle, hâlée par le soleil, ce beau
ton ambré sur lequel se détachent des boucles
d'oreilles d'argent, leurs bras jeunes et velus,
tatoués par les symboles de leur travail, et, par
dessus tout cela, cet espoir du lendemain, car
tous savent très-bien qu'aujourd'hui, avec du
travail et de l'économie d'abord, de l'intelligence et une grande activité ensuite, on peut
arriver aux échelons sociaux les plus élevés.
Ces ouvriers-là ne me rappellent en rien ceux
du moyen âge et de la renaissance. Ils sont vraiment plus intelligents, plus fiers, et je ne puis
m'empêcher de leur trouver une distinction
toute patricienne.

Quels sont ces hommes qui marchent deux
par deux, trois par trois? Quelques-uns se dé-
placent pour communiquer leur pensée; ils ont

tous l'air sérieux, réfléchis; leur tenue est propre, simple; ils paroissent très-intelligents. On dit que ce sont des mécaniciens qui sont en grève, et qu'ils vont chez leur patron pour une augmentation de salaire. Justement ils entrent chez un de mes amis.

Suivons-les, voyez; maîtres et ouvriers se saluent. Rien n'est plus grave. L'ouvrier défend le pain quotidien de sa famille; le fabricant la possibilité de faire face à la concurrence. Regardez bien toutes ces têtes découvertes, ces vétérans du travail, ces hommes choisis par les leurs pour défendre leurs intérêts. Comme ils parlent bien! J'ai entendu des avocats qui parloient plus correctement peut-être, mais qui ne sachant pas ce qu'ils vouloient dire, étoient certainement moins intéressants.

Voilà encore des modèles nouveaux. Nos ouvriers n'ont pas été reproduits; ils restent à faire.

Sur cette belle promenade publique, j'aperçois un cavalier accompagnant une jeune fille; ils sont d'une grande distinction. La sollicitude affectueuse du jeune homme pour sa compagne, leur ressemblance annonce qu'ils sont frère et sœur. Voyez le joli costume d'amazone, comme il dessine chastement les formes du haut du corps; puis l'ampleur de la jupe et ce beau piédestal, ce cheval pur sang, comme il paraît fier de porter sa maîtresse. La tenue du cavalier est élégante et facile; sa culotte d'une peau grisâtre, la botte molle et plissée, une espèce de jaquette courte et libre, dessine souvent par les mouvements nécessités pour la direction du cheval, un corps bien pris. Sa tête coiffée d'un petit chapeau rond laisse voir sa figure jeune et candide, bien encadrée d'une barbe blonde et naissante. Je ne puis m'empêcher de comparer ce que je vois aux portraits laissés par nos maîtres. Je ne chercherai pas à en diminuer la valeur, mais je donnerai sans hésiter la préférence à ce que j'admire ici. Je trouve notre race chevaline plus belle, nos harnais plus élégants et nos costumes charmants; et je suis persuadé que si un peintre mettait un vrai talent au service de ce que je décris, il ferait un tableau qui égaleroit en mérite les portraits des plus grands maîtres, et auroit cependant une physionomie toute nouvelle.

On court, l'air retentit, j'entends la musique militaire. Ne nous dérangeons pas, ils viennent à nous. Voyez donc ce drapeau criblé de balles, en ce moment un rayon lumineux éclaire celui qui le porte, il a une bien belle tête, jeune encore; voyez donc quelle blessure! en plein visage. Ses yeux sont baissés, il a l'air bien grave. Ah! c'est qu'il connoît, il aime, il vénère ce qu'il porte : c'est le drapeau, c'est la patrie... Et ces jeunes soldats du premier rang, éclairés par le même rayon, comme ils sont beaux aussi! Est-ce la lumière qui les avantage, jamais nous ne les avons vus comme cela. Non? c'est que, guidés par moi, vous voulez bien les regarder. Ils savent aussi que ce qu'ils accompagnent est sacré; ils sont jeunes et vaillants; puis ils sont unis, ils ne font qu'un, ils se sentent forts, et acceptent sans réserve la discipline, pourquoi? c'est que soldats aujourd'hui, ils peuvent être chefs demain. Ce sentiment qu'ils ont de ce qu'ils peuvent devenir par le courage, les ennoblit. Cherchant à être glorieux, ils respectent ceux qui ont fait leurs preuves, persuadés qu'ils sont, qu'ils seront honorés un jour.

Eh bien! voilà encore de nouveaux modèles.

— Mais on a fait des soldats, beaucoup de soldats... trop de soldats!

— Non, mes chers amis, on n'a pas encore fait de vrais soldats. Je sais qu'on a peint des uniformes; je sais encore qu'on a représenté certains loustics qui ont le chic militaire, et qui sont à la forme ce que sont les roulements d'RRR au langage; mais le soldat qui pense n'a pas encore été fait.

De la Femme.

Maintenant, parlons de la femme, qui par sa nature est éminemment artiste. Vous trouverez en elle le sentiment du choix à un haut degré, un idéal élevé, la sensibilité, l'exaltation; enfin toutes les qualités des plus grands artistes sont chez la femme à l'état de grâces.

Gardez-vous bien, lorsque vous ferez un portrait de femme, d'arranger votre modèle, votre arrangement ne serait qu'un dérangement. Regardez; qui voit bien une femme, voit un sublime artiste, elle sait ce qui lui sied, la nature lui donne la mélodie du goût. Dans la multiplicité de ses poses, toujours gracieuse, souvent adorable, elle nous entraîne, nous captive, et les sensations que nous éprouvons devant ses grâces natives, sont à peu près semblables à celles que nous donne la musique, mais à un degré bien supérieur. Elle s'exalte dans un art qui lui est tout particulier; je ne dirai pas la danse, qui n'est qu'un pretexte, mais dans un art qu'on pourrait appeler celui de l'élégance suprême.

Gros-Jean qui veut en remontrer à son curé, n'est pas plus lourdement impertinent que le peintre qui veut diriger une femme dans le choix du beau; elle est passée maître dans l'art du goût, elle se soumet à la mode et la dompte (à son tour, que ne soumet-elle pas?). Elle prend son rang par la mise, il y a la civilité puérile et honnête de l'élégance, la moyenne des femmes s'y conforme. La vraie femme se sert d'une mode comme d'un thème, loin de se laisser envahir par elle, elle la dirige et s'en sert pour faire briller son génie.

Elle a encore, comme l'artiste, le don et le désir incessant de plaire, il semble bien qu'elle est créée pour notre délectation : souple, soumise, elle paroît dépourvue d'instincts égoïstes, tout pour elle se résume dans le mot : plaire. Pour cela elle se donne sans réserves; dévouée pour celui qu'elle a choisi, et toujours sublime de dévouement pour ses enfants.

Consultez religieusement les femmes pour tout ce que je viens de signaler; mais faites-vous encore les glaneurs de leur tendresse, vous reviendrez les mains pleines pour étoiler vos œuvres.

Les plus grands de nos peintres leur ressemblent : Raphaël, Lesueur; tous deux avoient leur douceur, Raphaël avoit leur beauté.

Qui sait mieux choisir qu'une femme? Allez, faites des théories, prononcez des discours, consultez tout, remuez tout, prenez vos précautions sur tout, et vous vous tromperez. Et la femme qui ne sait rien, et qui paroît n'apporter au côté sérieux de la vie qu'une faible attention, choisira toujours bien, pourquoi? C'est qu'elle est née pour cela.

Les gouvernements des femmes ont toujours été glorieux, parce que ces reines ont su choisir autour d'elles les plus capables. L'homme ne sait pas juger l'homme; mais la femme juge toujours bien l'homme, pourquoi? c'est qu'elle est née pour cela.

Parlons de son idéal qui est sans limites, elle n'a pas, comme l'homme la responsabilité, l'action, l'exécution; elle reste dans le domaine de l'imagination. Ne lui parlez jamais de ce qui est ou n'est pas pratique, elle s'inquiète peu de votre insuffisance. Vous devez tout faire, même l'impossible, parce que tout lui semble possible. N'étant arrêteé par rien dans son empire du rêve, son idéal grandit toujours; elle est souvent déçue, mais un jour sortira de ses flancs un fils. Oh! alors celui-là aura son âme, son exaltation, il saura la comprendre, par lui elle aura son moyen d'action. . . . .

L'enfant est venu, il grandit, il a passé ses examens. Un peu paresseux d'abord, il s'est relevé lorsqu'il a fait sa philosophie; il est vraiment capable. Oh! le père est heureux, il y aura un avocat dans la famille ; c'est à lui, c'est à sa fermeté que l'on doit cela. Ah! si l'on écoutoit les femmes, on ne feroit jamais rien. . . . . . .

Mais, ô douleur! le fils arrive, il est triste.

— Qu'as-tu? que veux-tu? parle!

— Je veux être soldat!

Il est parti, rien n'a pu le retenir. . . . . . Instruit, capable, courageux, il a fait un chemin rapide... Un nom est répété par toutes les bouches, c'est celui du fils glorieux. . . . .

Ce que je vous raconte en quelques mots est une histoire véritable. Voulez-vous en avoir le complément? Venez avec moi dans ce salon, regardez ces quelques dames qui brodent. Remarquez-vous, là, au coin de la table, par ici, cette dame à cheveux blancs dont les sourcils sont restés noirs, elle nous a regardés, ses yeux sont profonds et doux; sa tenue est bien simple.

— Mais où voulez-vous en venir?

— Regardez encore ce brillant officier-général entouré d'amis empressés... C'est le fils... l'action. Et cette mère, si modeste, c'est la flamme, la torche qui a tout embrasé. . . . . .

Arrêtons-nous et revenons un peu sur nos pas, ou plutôt je voudrois savoir de vous si je me suis bien fait comprendre. Ayez la bonté de me faire un résumé de ce que j'ai pu vous dire sur l'art de la composition.

Vous n'avez pas encore parlé des règles de la composition, mais en nous parlant des maîtres, de leurs études, qui nous ont été justifiées par nos propres recherches, nous avons compris ce qu'il falloit faire. Puis vous nous avez fait sentir que lorsqu'on possédoit sa langue pittoresque, il falloit s'en servir pour parler de son temps, et nous avons si bien compris, ou cru si bien comprendre ce que vous nous avez fait remarquer, que nous avons hâte de nous mettre au travail, pour réaliser ces idées qui nous charment.

Ces beaux projets ne nous font pas oublier vos recommandations à propos des femmes; nous avions la crainte d'y trop penser, mais nous sommes heureux d'apprendre par vous que ce n'est pas un crime.

— Bravo, mes amis, vous comprenez à merveille et je vois que je n'ai pas perdu mon temps. Oui, dans la femme, dans votre mère surtout, vous trouverez votre meilleur conseiller.

Vous avez vu que sous vos pas vous trouviez des tableaux tout composés, que ceux que je vous ai signalés ne sont rien comparés à ceux qui peuvent se faire.

Allez, allez, la terre est riche, elle est inexploitée; vous qui êtes jeunes, profitez de cette Californie nouvelle.

Maintenant, pour ceux qui sont moins soumis que vous, je dirai encore : perdez cette funeste habitude de fuir la nature de votre pays. Pourquoi des Italiens? pourquoi des Arabes, pourquoi des Turcs? Soyez donc Parisiens comme on étoit Athéniens. Ayez confiance dans vos forces, ne vous suicidez pas dans le passé. Lorsque vous aurez fait toute votre vie des Grecs, pensez-vous qu'ils égaleront jamais ceux de Phidias. Si vous avez cette sotte pensée, détrompez-vous! Quoique vous fassiez, vous ne serez jamais qu'un froid traducteur et cessant d'être en communication avec la vie, votre art sera glacé comme la tombe.

Ces *turqueries* souvent ridicules de notre temps moderne, seroient, il me semble, avantageusement remplacées par l'étude des modèles que je signale.

Ayez confiance. Je sais bien pourquoi vous prenez des Turcs, c'est par une trop grande modestie : vous craignez la comparaison. Je sais bien pourquoi vous prenez des tigres, des serpents, enfin tout ce qui ne vit pas dans notre intimité : c'est que vous craignez la comparaison. Cette crainte est puérile. Osez, donnez au public ce qu'il connoît, ce qu'il aime; et pour l'amour du Dieu chrétien, laissez les Turcs tranquilles.

Soyez peintre, mais soyez homme. N'oubliez pas que la peinture est un langage, et que plus ce langage est noble, plus votre œuvre s'élève.

Parlerai-je des règles de la composition, de la nécessité de concentrer l'intérêt sur le sujet principal, d'établir une pyramide formée des différents objets qui composent le groupe du milieu, des ombres fortes qui doivent encadrer les lumières du centre ; non, c'est inutile, si ces règles étoient mal suivies elles donneroient des résultats détestables, si au contraire elles étoient comprises, leur application formeroit des tableaux systématiques et, par conséquent, désagréables à regarder.

Il faut donc chercher autre chose que ces règles matérielles de la composition qui seront toujours devinées par ceux qui sont doués comme peintres (et remarquez que je n'admets que ces derniers dans mon enseignement); il est donc inutile d'en parler.

Mais nous pouvons trouver de fortes bases, des principes fondamentaux qui serviront d'appui sans nuire à la liberté de l'esprit et qui, éclairant comme de véritables phares, donneront par leurs lumières plus de sûreté aux opérations de l'intelligence.

Dans l'art, les uns sont fidèles aux choses extérieures, palpables; les autres apportent la même sincérité aux créations du rêve.

De la première opération résulte ce qu'on appelle la peinture de genre, de la seconde ce que l'on désigne des mots de grande peinture.

Ces deux jalons plantés vont donner plus de sûreté à mes explications.

Vous savez, chers amis, que nous ne sommes jamais satisfaits de notre travail. Voyant la nature, cherchant à la rendre, et toujours battus par elle; nous pouvons nous vanter d'avoir avec l'amour de notre art une passion malheureuse.

Cette désespérance est le signe distinctif des véritables artistes.

Ici, j'ai souvenance de la rencontre d'un con-confrère, il paroissoit s'appitoyer sur mes airs malheureux et m'en demanda la cause : je lui dis que j'étois comme dans un enfer, et que je ne pouvois jamais arriver à me satisfaire.

— N'est-ce que cela? me dit-il, j'ai été comme vous, mais maintenant ça va tout seul.

Ce ça va tout seul, m'intriguoit, je voulus

en avoir le cœur net, j'allai le voir, et je vis enfin le résultat de ce fameux « ça va tout seul; » je fus consolé, et je repris avec plaisir mon collier de misère. J'espère que j'aurai le bon esprit d'arrêter mes pinceaux le jour où je les verrai courir avec trop de facilité.

Non, non, non, ça ne va jamais tout seul! on ne lutte pas impunément avec les formes, la couleur et la lumière du bon Dieu, et nous tous qui aimons notre art nous pouvons dire que nos défaites incessantes nous mènent à une profonde humilité; mais cette humilité nous sauve, car lorsque nous plaçons nos efforts auprès de vaniteux fabricants de troubadours, nous avons des reguins superbes, et nous jouissons à notre tour des nullités de ceux qui vont tout seuls.

De tout ceci, déduisons une chose : c'est que ce qui constitue la bonne peinture est tout simplement le bon vouloir vis-à-vis de la nature.

La naïveté dans la représentation de l'être extérieur conduira tout naturellement l'artiste à reproduire les vrais sentiments, comme les

règles poncives mèneront fatalement à la création d'affreux mannequins académiques.

**LE GRAND ART DOIT ÊTRE AUSSI SINCÈRE
AUX CRÉATIONS DE L'ESPRIT QUE LA PEIN-
TURE DE GENRE DOIT L'ÊTRE A LA RÉALITÉ.**

La peinture historique ne fait pas toujours
partie de la grande peinture. — *Et voici pourquoi :*

Le grand cadre demande les grands sentiments desquels découlent une façon large, élevée
et des colorations héroïques. Si la grande toile
ne possède pas toutes ces qualités, elle ne mérite pas le titre d'historique, et retombe dans la
peinture de genre.

Je regarde certains tableaux modernes, et je
vois de gentils soldats qui poussent de gentils
canons. Où vont-ils? d'où viennent-ils? de l'exercice sans doute ; mais ce que je sais bien, c'est
que ce gentil officier aurait pu éviter de crotter
son gentil uniforme en sautant ce gentil ruis-
seau.

Dans d'autres, des Français tuent des Autrichiens qui, il faut l'avouer, mettent à se laisser faire une grande politesse ; on ne pourra certes pas les accuser, ces braves ennemis, de manquer de savoir mourir.

Opposons à ces toiles le véritable art historique.

Parlons de la PESTE DE JAFFA, *de Gros.*

A la vue du ciel on devine le fléau, les nuages sont empestés ; on tire le canon d'alarme ; sur la forteresse flotte le drapeau national ; au travers des arceaux de la mosquée on aperçoit la mer, cette terrible séparation avec la patrie ! Ils sont là, tous couchés, les uns se roulant dans d'atroces douleurs, d'autres regardant cette mer implacable et pensant en mourant à ceux qu'ils aimoient. Quel enfer terrestre ! on pourroit écrire sur ces murailles :

« *Ici meurt toute espérance!* »

Mais voyez ! quelques-uns se relèvent, écoutons :

C'est *lui*, son nom court de bouche en bouche, il se dirige de ce côté. Malheur! mes yeux sont obscurcis... mais j'entends sa voix, comment est-il?

— Il est recouvert de son costume de général en chef, son corps est enveloppé des couleurs nationales.

— Toi qui es moins malade que moi, soulève un peu ma tête, je voudrois le regarder encore avant de mourir; oui, je le vois! il vient à nous; jeune, glorieux, il partage nos dangers, il touche nos mains; celui qui fait fuir tout ennemi fera fuir cette maudite peste; pourquoi craindre, pourquoi regretter? Voici les couleurs et le cœur de notre patrie. . . . . .

Cette page représente une action, un fait, et le peintre en nous faisant sentir la sollicitude du chef pour ses soldats, en rappelant la patrie absente, en retraçant avec force l'amour de ces éprouvés pour leur guide, nous entraîne dans un monde moral, et mérite le beau titre de peintre d'histoire pris dans sa belle acception.

On peut, comme nous venons de le voir, employer les hautes qualités artistiques à la reproduction des sujets historiques. Cependant les organisations qui possèdent ces facultés créatrices aiment mieux s'affranchir des limites tracées, et préfèrent se livrer à la grande peinture pure et simple qui se dégage du fait qui asservit, pour planer sur tout.

Le grand art part de l'âme : c'est ce principe qui vivifie son exécution et lui donne souvent des aspects immatériels.

Vous devez sentir les gradations que je vous explique, en voyant que la peinture de genre commençant par la reproduction exacte de la matière, peut cependant, en grandissant son domaine, s'élever jusqu'aux plus nobles sentiments; et le grand art qui à son tour part du sentiment pour transfigurer la matière.

Je ne crois pas me tromper, en disant que nous sommes à la veille de voir naître le grand art français; j'en vois les garanties dans le retour de nos jeunes peintres à la vraie nature, qui sont, si je puis m'exprimer ainsi, à la première étape de ce chemin qui mène aux plus grandes beautés.

Je suis loin d'être de l'avis de ceux qui disent que l'art tombe, ceux-là sont du vieux monde, qui préfèrent les roueries d'acteurs corrompus aux bonnes saveurs enfantines de notre art moderne.

Du jour où les bonnes fois de l'œil se tourneront vers l'âme, vous verrez naître des œuvres adorables.

Gardez-vous de tomber dans les rébus. Les Allemands qui sont cependant intelligents et poëtes, oublient trop souvent que l'art de peindre doit avoir des moyens de manifestation différents de ceux de la poésie. Ils représentent volontiers dans une même composition les sentiments les plus contraires, et donnent pour spectacle des scènes impossibles, et qui, sortant des conditions du naturel, cessent de toucher le spectateur.

Ayez des idées, je vous applaudirai, mais n'oubliez pas de les grouper de façon à les rendre par une action vraie.

Quelquefois cependant, ces mêmes Allemands ont des réussites très-curieuses. J'en prendrai pour exemple une composition de Rethel, très-connue chez nous.

« La Mort veut pousser le peuple à la révolte, elle le trompe en cherchant à lui faire croire qu'une couronne ne pèse pas plus qu'une pipe dans la balance de la Raison. »

Pour rendre sa pensée, il donne à sa Mort le costume d'un charlatan, et place devant elle la table et les gobelets. Cette terrible escamoteuse soulève une balance dans laquelle on voit les deux symboles. Ses paroles astucieuses attirent les regards sur ces deux objets, et de la main elle fixe l'aiguille du fléau, ce qui met la pipe au niveau de la couronne; et tous les specta-teurs de rire et d'applaudir à cette preuve men-songère.

C'est un trait de génie qui dit beaucoup et se trouve exprimé par une image pittoresque et sympathique, parce qu'elle est naturelle.

Maintenant je veux vous entraîner dans le labyrinthe de ma pensée. Je doute de me faire comprendre, et je m'élance avec vous dans un chemin impraticable. — Cette action *bulorde*, il faut l'avoir souvent dans la production; sans elle, on n'arriveroit jamais. La réflexion qui a de beaux résultats, peut dans son excès nous paralyser; il faut donc à certains moments monter à l'assaut de la pensée et avoir le courage d'accepter l'impossible au départ.

Les timides veulent des chemins tracés, des échelons bien scellés pour monter, des règles enfin pour les garantir. Vous n'êtes pas, j'aime à le croire, de ceux qui veulent tout connoître avant de s'engager dans une action; que ceux qui suivent la prudence me quittent, je ne suis pas leur homme. Il me faut l'inconnu, c'est pourquoi j'adore mon art, qui échappe à toute prévision. On peut, je le sais, enseigner une certaine peinture, celle-là a des recettes dont on ne doit pas sortir, elles forment des ouvriers peintres; ce qui fait que Pierre peint comme Paul, et Jacques comme Antoine; ce qui fait encore que ces médiocrités sans âme s'unissent, forment, et formeront toujours des académies, tant que le monde sera monde.

Je veux parler de l'art véritable, de cet écho de l'âme qui ne satisfait jamais, de cette soif de l'infini qui ne doit s'éteindre que dans le sein de Dieu.

Laissons les fabricants de pains d'épices bibliques se complaire dans leur nullité. Laissons les fabricants de poupées maquillées jouir de leur succès mondain.

Ceignez vos reins, armez-vous pour le combat, acceptez les tortures de l'âme emprisonnée, fortifiez vous contre les huées des brutes, laissez-vous déchirer par elles, et rendez incessamment le bien pour le mal. . . . .

. . . .

Revenons au secret de la conception.

Je veux faire deux tableaux : l'un représentera l'*Enrôlement des Volontaires en* 1792, l'autre le *Baptême du Prince Impérial.*

Comment m'y prendrai-je?

Pour le premier, je me demande qu'étoient, que vouloient ces hommes de la révolution française? Ils vouloient anéantir les privilèges, remplacer l'abus par le droit; ils vouloient encore donner au monde entier cette liberté devenue leur religion.

Nous ne devons pas, nous, peintres, entrer dans des considérations politiques et discuter les sentiments que nous voulons représenter ; lorsque nous les avons choisis, tous nos efforts doivent tendre à les exalter dans leurs beautés.

Dans mon tableau, ils portent la liberté au monde, la vérité me sert dans Theroigne de Méricourt, placée sur l'avant-train d'un canon, vêtue comme leur idole et traînée par tout un peuple. Où vont-ils? là-bas, là-bas, à la frontière! ils sont tous unis dans un même esprit ; ils veulent l'égalité, leurs mains s'enlacent, leurs cœurs se joignent : Prêtres, laboureurs, ouvriers vont au même but, ils partent pour défendre la patrie en danger!... La patrie, qu'est-ce que la patrie? C'est la femme, l'enfant, l'ancêtre, tous foibles et aimés. Les enrolés jurent de les défendre, les femmes prennent leurs enfants et les élèvent dans l'air; du sein de la foule surgit la génération à venir. . . . .

. . . .

— Vive la France! nous allons mourir pour vous.

Mais la patrie est menacée, elle pousse ses enfants au combat, et les couvre de ses ailes. — Réussiront-ils? quelle tempête! toutes ces têtes ondulent comme une mer en fureur, leurs bannières ajoutent à l'illusion, le ciel est orageux, l'éclair fend la nue. . . . .

Parlons du BAPTÊME DU PRINCE IMPÉRIAL.

Cette cérémonie qui reçoit l'enfant dans le sein de l'Église, si elle est représentée d'une façon réelle, n'aura que les côtés touchants de la grande unité chrétienne; mais vous remarquerez que dans cette circonstance, c'est un prince qui doit continuer une dynastie, c'est une espérance nationale.

Nous allons, comme dans le premier tableau, nous poser certaines questions :

— Quelles sont les idées qui agitent la France, en face de cette cérémonie ?

La nation voit un héritier direct pour une

dynastie qu'elle a acclamée, elle voit dans cet enfant des garanties d'ordre, fortifiées par de grands souvenirs, c'est enfin ce qui est, consolidé dans l'avenir.

La poésie peut, à son tour, y ajouter de nobles craintes.

— Remarquez que je n'impose à personne ma manière de concevoir et j'accepte à l'avance toute contradiction.

Cet enfant sera reçu dans le sein de l'Église, cette grande force morale qui domine tout.

L'armée, à son tour, dans ce qu'elle a de simple et de dévoué, lui servira de protection; mais la plus imposante des forces, celle du souvenir, paroît : Napoléon 1er descend sur terre pour bénir sa descendance et touche ses aigles de sa redoutable épée.

Le prince est présenté au légat, les femmes qui le portent le soulèvent à la hauteur du trône, et forment avec les draperies qui l'enveloppent un berceau, ce qui lui donne l'aspect d'un petit Moïse sur les eaux . . . . . sa mère, sa pauvre mère . . . que l'on me permette d'oublier un instant l'Impératrice, prie pour son enfant . . . . Tout s'efface devant cette maternité . . . .

Les petites vanités disparoissent; eh bien, supprimons-les, pour envelopper cette mère d'une religieuse auréole. . . . .

L'Empereur, lui, laissera à l'Impératrice le premier rôle et paroîtra d'autant plus grand, qu'il sera plus modeste . . . .

De cette façon, je retracerai les grandes puissances humaines, et je parviendrai à les faire imer, en peignant poétiquement leur fragilité.

SUR LA SIMPLICITÉ DU FAIRE

———

Je dirai, comme tous les professeurs du monde : Soyez simples dans vos contours, dans votre modelé et dans vos colorations.

Ces recommandations se font toujours, et laissent souvent l'élève dans un grand trouble ; pour moi, je sais que mon embarras étoit extrême, je me disois simple, comment, par quel moyen ? — On dit de mettre peu de chose, il faut donc supprimer, que faut-il supprimer ? — Je ne sais, dans le doute, je copiois tout, c'étoit pour mon manque d'expérience, le meilleur parti à prendre.

Ces conseils non sentis, et répétés par les maîtres, sont terribles, ce sont de véritables énigmes pour les pauvres débutants; si par hasard un audacieux demande une explication, le professeur sort de ce pas difficile, en répondant : cherchez !

Cherchez ! — La belle affaire, — je le vois bien qu'il faut que je cherche, puisque vous m'avez perdu, et que, du reste, vous ne connoissez pas mieux votre chemin que moi-même.

On ne sait pas combien les mauvais enseignements sont nuisibles ; que de temps perdu inutilement, chercher est un bon exercice, lorsque vous trouvez après un effort d'esprit ; mais chercher dans une impasse, dans un labyrinthe, fatiguer un pauvre être qui a besoin de toutes ses forces dans un travail pénible et sans issue, c'est le désespérer à plaisir et lui ôter la sève nécessaire pour vaincre les véritables difficultés.

Ces questions de style, de caractère, de simplicité dans l'exécution sont difficiles à définir, et ces règles ne peuvent être enseignées que par des praticiens exceptionnels qui le feront avec une grande réserve ; sachant très-bien que ces qualités sont le résultat de l'observation et d'un travail intime, ils ne parleront qu'au moment où les élèves pourront comprendre sans être troublés.

Que l'élève ne cesse jamais d'être profondément sincère devant la nature. L'interprétation, le développement passionné, ces grandes qualités viendront avec le temps.

S'il sort du vrai, il entre dans le système, et se perd sans espoir de retour.

Le terrible : cherchez ! sans aide, sans explication, m'épouvantoit et me faisoit trouver la science humaine bien difficile ; j'étois souvent désespéré. Je me vois encore revenant triste, dans ma mansarde, je ne me sentois plus le courage de travailler ; travailler, pourquoi ? Je ne comprenois pas ce qui m'étoit enseigné avec tant d'assurance, je n'avois sans doute pas ce qu'il falloit avoir pour parvenir, tous ces professeurs devoient avoir raison, ils disoient tous de même.

Je regardois, par ma lucarne, cette nature que

je croyois comprendre ; vers le soir, les toits, les maisons, les arbres, tout ce que je pouvois distinguer, se noyoit dans une belle demi-teinte qui faisoit valoir les magnificences du ciel ; et je me demandois pourquoi, à certaines heures, le spectacle de ma fenêtre étoit plus beau ; je savois que, dans le milieu du jour, la vue étoit des plus ordinaires.

Pourquoi encore !

C'est que, par cette lumière vive répandue partout, je distinguois les innombrables détails de la nature, que cette multiplicité de forme et de couleur papillonnoit à ma vue et devenoit une fatigue pour mon esprit et mon regard ; tandis que, vers le soir, les grandes divisions du sol devenoient sensibles, de belles masses d'ombre faisoient disparoître les détails insipides.

Pourquoi ne ferois-je pas de même pour ce que je copie !

Je chercherai une lumière qui donnera une

grande décision aux formes ; puis, en éloignant tous les accidents contenus dans les divisions principales, j'obtiendrai, sans aucun doute, plus de style dans mon dessin.

Je ferai de même pour mes contours ; au lieu de me laisser dominer par les petites sinuosités de la forme, je regarderai mon modèle dans son ensemble, et je sacrifierai, incessamment, ces sinuosités pour l'affirmation des lignes simples et mon dessin n'en sera que plus grand.

Je ferai encore de même pour mes colorations ; je pourrois, si je me laissois absorber par les variétés du ton, échantilloner ma couleur et ne pas arriver à la coloration dominante ; mais, comme par mes remarques, je sais que le détail mange la masse, j'aurai le grand soin d'établir ma coloration dans sa localité ; le détail viendra ensuite sans nuire ou s'il ne vient pas, la coloration n'en sera que plus belle.

Dans mes masses de lumière et d'ombre, je puis ajouter des détails sans nuire ; mais si je les éloigne, mon exécution aura plus de caractère.

Ainsi, vous le voyez, on pourroit se résumer et dire :

La beauté des contours, la beauté des masses comme la beauté des colorations découlent du sacrifice incessant des détails pour le triomphe des dominantes.

Cette simplicité, recommandée d'une façon traditionnelle, constitue ce que nous appelons le CARACTÈRE, qui naît du simple comme le joli naît de la variété.

DE L'EXALTATION

Dans le précédent chapitre, nous avons vu que l'éloignement du détail donnait à la forme plus de simplicité et de caractère ; nous n'avons fait que retrancher, mais en éloignant des choses nuisibles, nous avons donné plus d'éclat aux beautés du modèle. Comme le bon jardinier, nous avons arraché les mauvaises herbes. Mais il ne suffit pas d'élaguer, il faut embellir ; voici le moment d'ajouter à la nature et d'entrer à pleines voiles dans ce que j'appelle le développement passionné.

Je prendrai trois types : la jeunesse, la grâce, la force.

DE LA JEUNESSE

Vous remarquerez dans la jeunesse, que des formes grêles font paroître les articulations légèrement empâtées. Vous y trouverez une grande simplicité de contours et de coloration, la tête un peu forte, les yeux d'une admirable limpidité et paroissant neufs, les cheveux fins, soyeux et indisciplinés, rétifs au démêloir et reprenant bien vite leur grâce naturelle ; sur ces jolis corps si purs, si délicats, serpentent de ravissants colliers formés dans les chairs ; au col, aux hanches et aux différents emmanchements, cette charmante parure s'efface avec l'âge, mais il en est une qui domine tout : c'est cette gaieté intarissable ne cédant qu'au sommeil qui, à son tour, est accompagné d'un sourire enchanteur.

Le geste est vif, l'action directe, tout est franc, les sentiments ne se mélangent pas, ils se divisent et fonctionnent séparément ; l'enfant passe subitement du rire aux larmes, il est à l'instant même aussi profondément affecté qu'il étoit complétement joyeux

Voyez, sentez et développez toutes ces gentillesses du jeune âge; quoi que vous fissiez, vous ne dépasserez jamais leur fraîcheur et leur gaieté.

DE LA GRACE

Hier encore elle étoit enfant, elle s'ignoroit; en jouant avec de jeunes compagnes, auprès d'une eau limpide, elle a remarqué la beauté de son visage, elle demandera une affirmation à son miroir et sera bientôt convaincue; les regards qui l'enveloppent aujourd'hui prennent part à sa découverte, elle les devine, rougit:

La Grâce est née.

Cette réserve, cette pudeur, ce trouble occasionnés par une trop grande admiration, tous ces sentiments sont protégés par la nature qui donne un voile à toutes ses beautés; des paupières ornées de beaux cils peuvent s'abaisser, une abondante chevelure peut servir de protection à la femme trop admirée.

La grâce, c'est ce qui est contenu, ce qui se montre et se cache, ce qui tressaille de joie, et en même temps s'offense des tributs d'admiration ; elle n'existe pas sans la pudeur et n'exclue pas le désir de plaire.

La vraie grâce est mieux exprimée dans Raphaël que dans la Vénus antique, il a su trouver cet admirable joint que ses devanciers n'avoient pas su rendre, et résumer toutes les saveurs.

La femme de Raphaël est encore enfant. Pudique, elle se voile de ses charmes, et trouve un refuge dans les bras de celui qui l'adore ; rassurée, si vous surprenez son regard, vous y trouverez des tendresses maternelles.

Elle est enfant, amante et mère.

La Vénus antique est plus simplement femme, elle possède toutes les beautés, mais elle a beaucoup moins de grâce.

Pour rendre cette qualité suprême, que je voudrois vous faire comprendre, il faut les craintes d'un cœur embrasé, cette hésitation de trop dire, de trop faire, préférer s'immoler que de blesser l'idole. C'est cette situation d'esprit et de cœur qui se traduit par le SOURIR.

Ici, je ne puis m'empêcher de faire certaines réflexions sur notre chétive organisation humaine.

Tout a son enfance, le cœur aussi a la sienne ; jeune, il est si ardent qu'il ne se divise pas, il se donne sans partage.

L'être, envahi par l'amour, brûle et brûle si bien, qu'il incendie et détruit presque toujours ce qu'il touche ; il finit par s'anéantir lui-même.

Si cet amour est moins violent, sa puissance se fait encore sentir en arrêtant toutes nos facultés, ou, pour mieux dire, en les soulevant toutes ; véritable volcan humain, il nous bouleverse ; nous voulons tout faire, tout dire, tout veut sortir à la fois par ce pauvre cratère que l'on appelle le cœur, qui, de ces éruptions, reste toujours déchiré.

L'amoureux ne peut pas décrire l'amour ; véritable possédé, nous n'aurons de lui que des silences égoïstes ou des cris de désespéré. . . .

Il sortira de cette épreuve, brisé, anéanti. . .

. . . .

Laissez-le, ne lui demandez rien, ses plaies sont encore trop vives ; plus tard, nous l'interrogerons, il nous racontera ses douleurs.

L'âge viendra ; avec lui, le souvenir qui plane et contient tout dans une douce harmonie ; le vaste empire du rêve n'est pas comme notre foible enveloppe, il peut contenir des mondes.

J'ai voulu vous faire toucher du doigt les écueils de l'amour.

Voyons maintenant, quel profit vous pouvez en tirer pour votre art.

Pour ce dernier, vous aurez toutes les ardeurs de la passion ; mais vous devez encore trouver en vous une maturité précoce qui dirigera votre flamme.

Si vous ne possédez que l'amour, vous serez dévoré. Il n'y a que la sagesse qui puisse jouer avec le feu.

Mais si votre amour s'élève et dépasse les limites terrestres, il participera à la vie éternelle et domptera vos passions en les vivifiant.

C'est alors que vous trouverez l'exécution créatrice, celle qui nous embrase en nous initiant aux secrets de la vie.

La vie : c'est ce que vous devez incessamment chercher. La vie dans le mouvement, la vie dans la forme et la couleur, la vie dans l'épiderme; que vos chairs palpitent, que vos veines semblent injectées d'un sang chaud, que vos yeux reflètent l'âme, que vos bouches laissent échapper une respiration tiède, que les feuilles de vos arbres soient pleines de sève, que vos fleurs répandent des parfums, que vos toiles rayonnent de lumière et enveloppent le spectateur d'une énivrante chaleur.

La vie, la vie, n'oubliez pas que vous êtes les amants de la vie.

Vous l'observerez, cette existence, vous avez la terre entière pour modèle; mais vous pouvez encore l'étudier dans ses profondeurs; en vous-même, sondez votre cœur, parlez, souffrez, aimez avec ceux que vous créez, incrustez-leur votre âme.

Si vous vous exaltez dans l'amour de votre

art, vous trouverez une harmonie céleste dans vos contours, dans vos colorations, dans vos expressions ; vous trouverez ce que nous admirons tous, ce que nous ne pouvons pas définir, ce que l'homme ne peut pas enseigner, et ce que Dieu seul peut donner :

LA FORCE.

Elle contient tout : celui qui la possède n'a pas besoin de lutter comme ceux dont je viens de parler, il domine les passions humaines ou ne les partage pas.

Michel-Ange en est la vivante image.

Il est resté insensible à l'amour terrestre ; les femmes qu'il a créées sont chastes par leur aspect terrible ; elles ont des mamelles et des flancs, ce sont de puissantes machines à engendrer.

Ses créations possèdent son âme grande, forte et fière, elles nous dominent en ce qu'elles ne semblent pas partager nos faiblesses ; dans leurs calmes rêveries, elles paroissent attendre la vie éternelle.

Nous pressentons en lui une supériorité que nous ne pouvons définir, et comme un acheminement vers des mondes supérieurs.

Ses hommes paroissent posséder l'infini, les splendeurs du ciel; ils paroissent encore avoir les éléments pour passion.

Que faire devant l'Océan furieux? Comment parler devant les éclats de la foudre? que peut-on dire à la vue de la voûte étoilée?

Il faut craindre, trembler, admirer et se taire. . . . .

. . . .

— Cher maître, ce que vous venez de dire pourroit être du domaine de la littérature, mais s'éloigne un peu de cet art que vous voulez nous enseigner; nous sommes vos disciples, et nous ne porterons aucun jugement sur vos fantaisies littéraires; mais nous vous prions en grâce de revenir à votre sujet.

— Oui, chers amis, je sens bien que j'ai l'air de m'égarer; mais cependant je sens aussi qu'il est utile que je vous parle d'autre chose que des moyens pratiques de notre art. La poésie est une de vos forces, et je me sens inhabile à vous la faire comprendre; sachez-moi donc gré de ma bonne volonté.

Je voudrois vous parler aussi du sentiment musical que vous devez avoir et que vous ne sauriez trop développer; mais là encore, je m'arrête. J'aime la musique, elle m'émeut, me transporte, mais je ne saurois la définir.

Enfin, je voudrois vous parler de tout ce qui réveille et active le cœur; je ferai appel aux sentiments les plus profonds de la famille, aux doux épanchements maternels, à l'amour de la patrie, à toutes ces émotions qui remplissent les yeux de larmes.

Laissez-vous aller à ces torrents du cœur; par l'amour contenu le sable deviendra diamant. Comme des amants du ciel, vous apporterez à vos œuvres toutes les richesses de la beauté.

SUR L'ORIGINALITÉ

—————

Ne vous laissez pas entamer par les réflexions niaises de ceux qui disent : pourquoi ces règles, ces systèmes ; tout cela est inutile, même nuisible, car cela tue l'originalité.

Il n'y a pas deux manières de peindre, il n'y en a qu'une, qui a toujours été employée par ceux qui ont compris l'art de peindre.

Savoir peindre et bien employer ses couleurs n'a aucun rapport avec ce qui constitue l'originalité.

L'originalité consiste dans la juste expression de ses impressions.

Prenons pour exemple les plus personnels,

les plus originaux : Raphaël, Rubens, Rembrandt, Watteau. Ces quatre grands noms suffiront pour me faire comprendre.

RAPHAEL.

Raphaël est l'expression de la beauté dans ce qu'elle a de plus suave; il a su rendre et embellir encore ce qui nous captive toujours : la jeunesse. Tout dans ses admirables tableaux semble être au printemps de la vie : hommes, femmes, fleurs; tout est jeune : l'élégance, la souplesse, la pureté, la simplicité des lignes; ces belles chairs fermes et rebondies sur des formes sveltes, le geste contenu, ce je ne sais quoi de la fleur qui s'ouvre et qui n'est pas encore épanoui; les gazons émaillés de marguerites, les arbustes élancés et ornés de feuilles légères qui se brodent sur un ciel pur et matinal; tout naît, tout respire, mais n'a pas encore vécu. Tout est immaculé chez ce peintre vraiment divin; c'est la vie moins son usage, c'est toutes ces choses que je voudrois vous faire sentir, qui donnent aux œuvres de Raphaël un aspect angélique.

Vous le voyez, il fait plus que copier ; il choisit d'abord, il développe ensuite, puis il écarte de son cadre tout ce qui n'est pas du domaine de la beauté, mais de la beauté jeune : c'est ce qui fait son style, son originalité.

RUBENS.

Rubens aime la grandeur, la richesse surtout. La nature pour lui est un éblouissant bouquet de fleurs. Ami du rouge, la couleur la plus riche domine dans ses tableaux.

Tempérament sanguin et fort, sa peinture donne l'idée d'un colosse de santé. Il a un grand génie, mais c'est évidemment celui de la matière. Il brasse de la chair, il inonde ses toiles de toutes les richesses du sol : fleurs, fruits, or, hermine, pourpre, ce n'est pas encore assez : de la lumière, de la lumière partout, de la lumière encore.

Dans ce magnifique cadre, ce génie représentera toutes les passions, tous les sentiments : jeunesse, amour, guerre, souffrances, plaisirs, torture, triomphe ; tout cela jeté à pleines mains.

un peu pêle-mêle; mais toujours admirable d'é-
nergie et recouvert indistinctement d'un manteau de pourpre. *Voilà Rubens.*

REMBRANDT.

Voici un génie bien différent de celui de Raphaël, mais qui n'est pas moins grand; il a
le don bien rare de ne jamais fatiguer. Obser-
vateur profond, comme tout penseur il est triste,
sombre; il se plait à rendre l'homme fatigué,
flétri par l'usage de la vie. Si Raphaël nous représente l'homme sortant des mains du Créateur, Rembrandt, au contraire, nous le montre
à l'état de débris, de haillon humain. Amant
de ce qui a vécu, de ce qui a souffert, les dévia-
tions du visage, les rides, les yeux attendris
par les larmes, rien ne lui échappe; puis l'ombre
profonde, mystérieuse, vient envelopper toutes
ces douleurs. Rubens peut égayer un supplice,
l'enrichir du moins; Rembrandt attriste toute
joie, toute gaieté; il est profondément misanthrope, tout se plie aux sentiments qui le dominent : sobre comme ceux qui souffrent, il semble

peindre avec des larmes et de l'ombre. . . . .

Pas une couleur, pas une fleur. Un simple rayon pour éclairer ce visage. Mais quelle tête, quels yeux ! C'est la vie même, cela épouvante et bouleverse les idées que l'on peut avoir sur l'art ; car ici il n'y a pas développement, interprétation, rien de tout cela, c'est simplement vrai.

Ce génie merveilleux se borne à sacrifier ce qui entoure la tête ou l'objet qu'il veut représenter. Quel mystère ! Dans ses fonds quelle profondeur ! Je ne puis expliquer, j'admire.

WATTEAU.

C'est le peintre de la galanterie, des amours légers. Tout est aimable en lui ; ses tableaux n'ont pas d'angles, ses arbres sont mous et flottants comme des panaches soyeux, ses colorations, tendres et fugitives. Comme les sentiments qu'il représente, rien n'est sérieux et tout est charmant, tout est caresses ; un simple ruban sur l'herbe, fait par ce peintre, chante l'amour.

Maintenant, je veux bien vous faire sentir que le procédé, la manière de peindre, ne. sont pour rien dans ce qui constitue l'originalité.

Watteau peint comme Rubens : même franchise, mêmes moyens légers, et, cependant, on ne confondra jamais un Rubens avec un Watteau. Van-Dick a tout à fait les procédés de son maître, mais son élégance contenue, ses côtés grandement féminins en font un peintre éminemment original. Rembrandt a, beaucoup plus qu'on ne le pense généralement, les procédés de Rubens.

Résumons-nous.

Ce ne sont pas les procédés qui donnent l'originalité, mais bien l'âme.

L'artiste qui sent vivement, soumet ce qu'il reproduit et son exécution même, à l'expression de l'amour qui le domine, et, par ce fait, donne à sa forme ce qu'on appelle le style, et à sa pensée ce que l'on nomme l'originalité.

QUELQUES MOTS SUR L'ART ANTIQUE

———

Qu'est-ce que Dieu? — Cette interrogation a dû être la première faite par l'homme à l'immensité; son premier désir, celui de donner une forme saisissable à la Divinité.

Comment rendre cette incommensurable puissance?

En admirant les richesses de la terre, l'abondance de ses produits, la variété des êtres qui la couvrent, l'homme a dit:

Dieu est l'immense maternité.

Les éléments, les bouleversements du sol, les bruits du tonnerre lui ont fait dire aussi:

Dieu est la force.

La contemplation des astres, l'ensemble de nos jours et de nos nuits, la régularité de nos saisons lui ont fait dire encore :

Dieu est l'ordre.

Pour la maternité féconde, les hommes ont pris les mamelles de la femme comme image; pour la force, le lion; pour l'ordre, l'unité du mouvement; et ils ont créé le sphinx, qui, varié dans ses formes, représente incessamment les trois puissances que je viens de signaler.

Le symbole trouvé, ils le répètent, le représentent partout. Ce rappel de la Divinité devient pour les Égyptiens, le : « frère, il faut mourir » de l'humilité chrétienne.

La contemplation de l'infini fait chez eux, de l'architecture, le premier des arts qui, comme un infini terrestre, contient tout; hommes, animaux, inscriptions, sont de simples comparses concourant à la beauté de l'ensemble.

Ce peuple est impersonnel, il s'absorbe dans la Divinité; sa durée semble être celle d'une longue prière non interrompue. Cette nation innombrable, si bien disciplinée dans sa vie comme dans sa mort, se couvre pour tombeau d'une pyramide qui est le symbole de l'élancement vers Dieu.

La Grèce paraît.

Elle a des instincts matériels, mais le grand idéal religieux des Égyptiens la contient, et de cet accord de matérialisme et d'idéalité, naît l'art grec.

Lorsque la Grèce produit ses dieux, elle emprunte au sphinx ses majestés, et si vous voulez bien comparer les statues grecques primitives avec les divinités égyptiennes, vous serez étonné de la fraternité du faire.

Les hommes-dieux créés par Phidias sont calmes comme la vraie force, ils sont étrangers aux passions humaines. Ses créations sont radieuses comme les étoiles.

A cette idéalité divine des premiers sculpteurs de la Grèce succède une véritable idéalité humaine. L'homme n'étant encore qu'un détail dans l'univers, est vu de haut et à distance, il est rendu comme ce que l'on voit de loin, dans ses masses, dans ses grandes divisions, et par conséquent mieux vu.

Mais bientôt l'homme oubliera ses dieux pour ne penser qu'à lui, il exaltera sa beauté, sa force, il s'exaltera jusque dans sa mort : n'ayant plus la puissance de rendre la divinité, il la fera descendre jusqu'à lui, et nous verrons alors Jupiter courir les aventures.

Ici, je pense à ce passage de l'Écriture, où le plus beau des anges se compare à Dieu et se croit son égal; il se révolte, et son orgueil le précipite dans les enfers. Cette sublime image pourroit bien être l'expression poétique des sentiments que je veux faire comprendre, car l'orgueil qui a rendu l'art humain nous a fait perdre toutes les grâces de l'art du ciel.

L'univers est presque oublié, l'homme est regardé de bien plus près. La science vient encore en aide pour voir davantage, et une grande perfection d'exécution remplace une sublime idéalité. . . . .

On peut donc établir trois phases distinctes dans l'art antique :

Celle de l'idéalité divine, qui donne un art sublime ;

Celle de l'exaltation humaine, qui donne un art admirable ;

Celle de l'individualité, qui, semblable à la nôtre, n'est pas supérieure à l'art moderne.

Nous avons vu chez les Grecs, l'humanité transfigurée par le reflet de l'infini, nous verrons bientôt une grande époque, celle de l'art chrétien, qui de la terre s'élancera vers l'éternité. Il semble bien que les Égyptiens et les Grecs de la belle époque, viennent de l'infini, et il semble bien aussi que les hommes de l'ère chrétienne retournent à l'infini.

En seroit-il de l'esprit humain, lorsqu'il reste dans la voie divine, comme des astres, auroit-il comme eux ses évolutions ? Qui sait. . . . . .

Je vais parler de l'art de la Révolution française, qui prend ses tuteurs dans l'antiquité. Ces esclaves brisant leurs chaînes, ne pensent qu'à leurs droits; dans cette soif de l'affranchissement, la divinité est presque oubliée.

Ils produisent de belles œuvres, et égalent la seconde période grecque, mais ils sont très-inférieurs à la première.

DE L'ART FRANÇAIS

Quelle est la mission d'un artiste, doit-il considérer son art au point de vue de l'art même, ou doit-il, tout en respectant des règles que je considère comme éternelles, faire plier son art aux goûts, aux usages de son pays?

Oui, l'artiste doit se soumettre aux goûts et aux usages de son pays, car sa mission est de plaire et de charmer : mais, direz-vous, si le goût du public est faux, ne doit-il pas le combattre, s'il est plus éclairé que ses semblables, ne doit-il pas devancer son siècle. . . . Grandes paroles que tout cela : je sais qu'on les a souvent répétées, mais pour les mettre au service de talents bien douteux ; pourquoi ces incompris ne font-ils pas comme Molière (un *Médecin malgré lui*, pour faire accepter un *Misanthrope*) et ne répètent-ils pas comme ce grand homme : « Il faut plaire, il faut plaire avant tout.

En France, la peinture simplement d'imitation est loin de nous satisfaire ; il faut que l'art s'élève ; comment s'élève-t-il, c'est en s'augmentant par la pensée, par la poésie, par la philosophie, ou par le sentiment chrétien ; plus l'artiste ajoute de qualités à celles du peintre, plus il est grand. Je sais bien qu'aujourd'hui beaucoup de gens sont intéressés à dire que la peinture ne doit pas sortir de ses attributions et doit rester un art d'imitation ; mais si vous imitez sans idéal, sans poésie, vos copies seront insipides (au reste, vous ne le prouvez que trop) : la pensée seule vivifie l'exécution, sans pensée, il n'y a pas d'art possible.

Le public n'entre pas dans ces misérables querelles de métier ; que veut-il ? nous le savons tous, il veut des choses grandes et nobles, il veut qu'on parle à son cœur, il veut voir représenter ce qu'il aime, ce qu'il admire.

Ce public n'a jamais été ingrat; il a toujours applaudi non-seulement aux belles œuvres, mais encore aux simples tentatives faites dans un bon esprit.

Revenons aux belles traditions françaises. L'idéal religieux nous a donné Poussin, Lesueur; l'idéal philosophique nous donne David, Gros, Prudhon, Girodet, Guérin, Géricault.

Il ne suffit pas de signaler les tendances, il faut les faire comprendre, les rendre palpables, c'est ce que je vais faire.

Prenons les tableaux saillants exposés dans le salon (dit des Sept Cheminées), les *Sabines*, de David; la *Peste de Jaffa*, de Gros; la *Justice poursuivant le crime*, de Prudhon; le *Marcus Sextus*, de Guérin; et le *Naufrage de la Méduse*, de Géricault.

Les Sabines.

Qui n'a pas entendu dire que ce tableau étoit

froid, systématique, que jamais des hommes ne s'étoient battus de cette façon, que tout y étoit faux, faux par la couleur, faux par l'action, faux par l'expression.

Ces accusations, je les relèverai une à une, et je ferai sentir combien elles sont stupides, en expliquant les hautes qualités de cette belle peinture.

Ce tableau des *Sabines* a été conçu au moment où la France étoit divisée par des opinions contraires; bien des fois, dans le sein de la Représentation Nationale, on avoit senti le besoin de s'unir, de se faire des concessions, on faisoit appel à la concorde, on s'embrassoit en criant vive la France. . . Hélas! le lendemain on étoit plus divisé que jamais. Un grand artiste comme David ne pouvoit être insensible à une pareille situation, il en fut ému, et il créa les *Sabines*, qui sont un appel à la concorde : la concorde au nom de ce qu'il y a de plus aimable, au nom de la famille, voilà ce que David a voulu rendre, a-t-il réussi? Oui, et on peut dire sans crainte que cette œuvre est une des merveilles de l'art.

La forme dans ce tableau est pure comme le sentiment qui le fait naître; connoissez-vous rien de plus beau et de plus chaste qu'Hersilie, de plus admirable de forme et d'expression que la femme montée sur un débris d'architecture : la vieille mère qui veut mourir avant de voir immoler les siens est sublime, et toutes ces femmes aux chastes mamelles pleines de lait, et le tableau lui-même d'une harmonie laiteuse qui semble née dans le lait maternel. Froid, ce tableau issu d'une grande âme, ah! il faut être bien aveugle ou bien déshérité pour n'être pas attendri devant cette belle page.

Comme un véritable artiste, il s'étoit fait l'écho des nobles idées de son temps, et il a fait avec les moyens qui lui étoient propres, un appel éloquent à la concorde.

Peste de Jaffa.

Voici un admirable sujet : un jeune général amoureux de la gloire entraîne dans son idéal une grande nation; chef et armée ne font qu'un. Quelle communion, quel ensemble, ils partagent leurs succès et leurs revers. La peste arrive. . . rassurez-vous, soldats, votre guide est là, il ne peut être que près de vous, la mort vous sera douce près de lui. . . Guéris, toujours à sa suite, vous marcherez à la gloire . .

Champ d'Eylau.

Tout est couvert de neige, ils souffrent, ils sont blessés, ils sont vaincus par les armes et par le froid. . . . .

Dans cette plaine glacée, paroît l'ami de tous les guerriers du monde, celui qui, plus tard, voyoit accourir les soldats anglais pour le saluer sur son passage; ce noble cœur rayonne, il réchauffe, il honore leur courage malheureux.

Aboukir.

Rendez-vous! Non, plutôt mourir! c'est ce qu'exprime ce vieux Pacha blessé, retenant de la main qui lui reste, quelques fuyards effrayés.

Victime de son courage, il sera immolé, mais le fils s'empare du cimeterre de son père et le remet au vainqueur.

Tout est perdu, hors l'honneur. . . . .

Dans cette touchante page, les côtés terribles sont voilés, ils se devinent, les quelques morts sont si imposants d'aspect qu'ils semblent endormis dans le devoir accompli.

Le naufrage de la Méduse.

Autre écho populaire; ce tableau avait été précédé de deux belles toiles, le Chasseur à cheval et le Cuirassier : le chasseur, 1812, représente la guerre à outrance, terrible, et la nécessité de tripler ses forces pour faire face à un ennemi trop puissant; le cuirassier, 1814, la fatigue : ce géant est vaincu... Comme deux éclairs, ces tableaux annoncent l'orage... 1815, les Cent-Jours, le naufrage, la grande nation a sombré..... il n'y a plus qu'un radeau, des morts, et quelques géants qui survivent; mais là-bas, là-bas à l'horizon, un point, un nouveau navire, l'espérance, nous sommes sauvés.... Hélas! nous savons maintenant qui le dirigeoit. . . . . ,

Marcus Sextus

Les exilés reviennent, ils retrouvent le foyer désert, les choses les plus chères tombées en ruine, l'oubli, la mort. . . . .

Comme des harpes éoliennes, ces grands esprits résonnent au souffle de la patrie.

Ils nous bercent et nous consolent en donnant une forme poétique aux pensées qui nous agitent.

Doués d'une sensibilité supérieure, ils nous éclairent, car ils prévoyent l'avenir.

Ces grands artistes essentiellement moraux ne peuvent avoir qu'une action salutaire!

Voilà comme nous les avons eus et comme je les désire encore. . . . .

PRUDHON.

Il échappe comme toutes les âmes tendres au tumulte des villes, il ne se fera pas écho, il cherchera la solitude : que lui faut-il à lui, la vue de la nature et les satisfactions de son cœur.

Lorsque nos cités sont troublées, nous aimons tous la campagne et nous ne pouvons nous empêcher de faire un rapprochement de ce que nous quittons avec la solitude qui nous environne; ces mousses non souillées, l'air balsamique des forêts, ces arbres vêtus de lierre, la pureté de leur écorce, la vue des terriers qui s'y trouvent en abondance, tout annonce que l'homme n'y séjourne pas.

Vous êtes sur un plateau d'une certaine élévation, il a fallu pour l'atteindre gravir des sentiers difficiles, mais vos peines deviennent des garanties; d'ailleurs vous fuyez la ville, vous êtes blessé, découragé (qui ne l'est pas dans ce monde), et vous dites : là, ils ne viendront pas.

L'heure du repos absolu est venu pour vous, le souvenir de vos luttes, de vos fatigues vous accable. Allons, pauvre homme, couchez-vous sur ces beaux tapis moussus; la tête renversée, regardez ces rameaux de verdure. . . . puis le doux concert des bois vous berce. . . et . . . . vous vous endormez. Votre sommeil a rassuré les habitants de ces belles vallées; lorsque vous vous réveillez, le soleil est à son déclin et n'éclaire plus que le sommet des montagnes; les arbres qui vous environnent sont dans une douce demi-teinte, à leur faîte seulement éclatent encore de beaux rayons lumineux; deux ramiers lissent du bec les plumes de leurs ailes, et font entendre leur ramage. . . Cette image de la solitude, de la tendresse et de l'amour, c'est la vie de Prudhon, c'est son œuvre; il n'a guère peint, il n'a guère chanté que l'amour.

Ame éminemment tendre, il lui étoit réservé de peindre la justice poursuivant le crime; la colombe seule pouvoit trouver ces accents pour peindre le méchant.

PÈRES DE LA PATRIE

———————

Vous sentant nobles par le cœur et par la pensée, vous avez mérité par vos actes les libertés auxquelles vous aviez droit de prétendre; cette patrie nouvelle que vous avez fondée est si resplendissante, qu'elle efface toutes les grandeurs passées . . . .

C'est qu'il y avoit en vous une pensée vivifiante et juste, vous saviez tous, que de notre fournaise révolutionnaire étoit sorti :

L'Avénement du Mérite personnel.

Le plus grand, le plus digne marchoit à votre tête, votre cause étoit la même. Vous étiez tous unis dans le mot GLOIRE ; généreux comme tout ce qui est fort, vous disiez à ceux qui vous nioient, qui vous combattoient : messieurs, tirez les premiers . . . .

Vous avez couvert le monde de merveilles, et prouvé à l'humanité que vous défendiez une vérité.

Il vous falloit l'épreuve, elle a été proportionnée à votre gloire.

Il vous étoit réservé d'avoir toutes les grandeurs, il sembloit que vous les possédiez toutes, mais on devoit encor ; admirer en vous :

La Soumission,

La plus sublime des vertus chrétiennes.

LA RESTAURATION EST VENUE

Cette vieille France, comme une vieille coquette jalouse, te déchiroit le visage à toi jeune et belle patrie nouvelle, mais aussi comme une belle fille injustement frappée, tu nous paroissois plus belle dans les larmes . . . Cesse de te plaindre, ne doute pas de nos cœurs, regarde ceux qui accompagnent celle qui t'offense ; tu détournes les yeux, tu ne veux pas regarder, tu fais bien . . . .

Repose tes membres fatigués, dors, nous veillons sur toi . . . . · . . . .

. . . , ...

Eh bien, comptons aujourd'hui, qu'avez-vous fait pour prouver votre supériorité de race, voyons vos œuvres !

La Restauration, le mot le comporte, doit tout relever. Que de belles productions nous allons voir naître, avec ces idées et ces vrais principes de l'ancienne France. Comme il vous sera facile de tout remplacer et de faire comprendre que ces hommes de la révolution et de l'Empire n'étoient que de misérables plébéiens.

Mais je ne vois rien paroître : je cherche et je trouve quelques tableaux qui ressemblent à des corps sans âme ; les peintres qui les produisent avoient reçu une éducation héroïque qui trouvoit son application dans l'expression de nobles sentiments. Avec vous qui devez tout restaurer, ils n'ont rien à rendre, et vous les voyez employer un style pompeux pour des sujets historiques grecs ou romains, sans signification ; vos peintres ne sont plus comme ceux que vous voulez faire oublier, les éducateurs de leur siècle.

Cependant, cherchons avec conscience, nous trouvons des praticiens habiles, très-habiles, mais des praticiens ne sont pas des artistes . . .

Voilà donc ce que donne votre Restauration, des travaux (je ne dirai pas des œuvres, rien ne mérite ce nom), des travaux, dis-je, faits sans flamm .

Mais, répondrez-vous, laissez-nous prendre racine, nous· acceptons ce que nous trouvons au début, c'est-à-dire des hommes qui ne sont pas les nôtres, que nous employons provisoirement ; mais de nous va naître une jeunesse élevée dans d'excellents principes et qui produira d'admirables œuvres . . .

Ils sont venus ; je les vois, ces jeunes hommes

si bien élevés, si nobles; ils chantent vive
Henri IV à pleins poumons; mais dites-moi,
soyez sincères, ils ne chantent pas, ils brâillent,
comme des jeunes gens, ils font beaucoup de
bruit; ils cassent les vitres, et dans leurs tableaux
ils cassent bras et jambes; on leur pardonneroit
encore ces petits défauts si leurs productions
signifioient quelque chose, mais elles ne disent
rien, elles n'expriment rien; je ne vois qu'un
seul tableau qui n'est pas l'œuvre d'un maître,
mais le tableau d'un peintre donnant de belles
espérances : un massacre, oui, c'est bien, très-
bien, il y a de grandes qualités de coloration,
puis une verve, une chaleur de sang qui n'ap-
partiennent qu'à la jeunesse, et c'est tout.

Mais vous en faites grand bruit; vous êtes si
pauvres, et vous troublez cette espérance. Encore, je ne sais pas trop si ce beau tableau vous
appartient et s'il n'est pas le fruit d'une opposition qui vous étoit contraire . . . .

. . . .

Voici venir un principe nouveau, on recon-
noit que le passé n'est plus possible, qu'il y au-

roît une moyenne à prendre, on se révolte, et nous voyons paroître

SA MAJESTÉ LE TIERS-ÉTAT.

Pauvre patrie ! dors toujours, ne te réveille pas . . . .

Que produit cette nouvelle puissance dans l'art de la peinture ?

Le *Tiers* devoit tout sauver. N'étoit-il pas sorti du peuple ? il en connoissoit les besoins, et par son instruction il s'élevoit jusqu'à une noblesse frivole qui n'aimoit pas s'occuper des affaires.

Mais ce qu'ils ne disoient pas, ces fameux Girondins, c'est que, sortis du peuple, ils s'en tenoient à une grande distance dans la crainte de se mésallier ; ce qu'ils ne disoient pas encore, c'est qu'ils étoient incessamment froissés par une noblesse qui ne vouloit pas les accepter.

Ils se flattoient, vous le voyez, de connoître ce qu'ils ignoroient. Ils vouloient simplement par des priviléges d'instruction jouir d'avantages à peu près semblables à ceux que possédoit la noblesse ; c'est-à-dire être premiers dans l'État.

Hommes d'instruction avant tout, ils ont fait succéder la peinture historique à la grande peinture, ils se sont empressés de représenter dans leurs toiles les égarements du peuple, ses crimes, pour mieux faire croire qu'ils étoient les digues naturelles à ses excès.

Nés du commerce, ils se sont toujours montrés jaloux de toute concurrence pour le pouvoir, ne souffrant pas qu'on porte atteinte à leurs titres acquis : titres d'éducation universitaire, estampilles, diplômes, leur marque enfin ; ils la défendoient comme leur ancienne marque commerciale.

Il ne falloit pas leur parler de guerre, d'art, de science, ils ne connoissoient qu'une chose, ne rêvoient qu'une chose : une tribune, pour faire briller leurs fleurs de rhétorique.

Race frottée et non pénétrée d'instruction, elle s'interposoit dans tout, pour parler de ce qu'elle ne connoissoit pas.

Des idées, des créations, de l'âme dans les

productions, c'étoit inutile, c'étoit nuisible, cela pouvoit bouleverser ce monde de parleurs si instruits.

Nés du diplôme, ils avoient créé un art de pions.

Élevés dans le respect de leurs petites personnes, leurs tenues étoient irréprochables, et leurs peintures sembloient avoir la barbe faite. Ce n'étoient pas des hommes, c'étoient des messieurs.

Ceci me rappelle un mot de Gros ; on venoit de nommer un nouvel académicien, il paroissoit désolé et disait : « j'ai donné ma voix à ce brave Abel de Pujol. Ce n'est pas, je le sais, un homme de génie, mais c'est un bon praticien ; on a préféré un monsieur. »

Je me rappelle encore une chose touchante rapportée par Gros lui-même, au milieu de nous, ses élèves. Il revenoit du jury de l'Exposition : « On a envoyé au Salon, disoit-il, un tableau représentant Waterloo, tout le monde l'entouroit pour l'admirer, je me suis approché pour voir la signature. Alors on m'a demandé comment je le 'trouvais ; j'ai répondu que j'étois heureux de voir que cela n'étoit pas l'œuvre d'un Français. » Il vouloit continuer à parler ; mais suffoqué par des sanglots, il se détourna pour nous cacher ses larmes.

Enfin il étoit mal porté d'être patriote, d'avoir du cœur, du dévouement, cela étoit tout au plus bon pour la canaille ; de ces tendances généreuses est né l'art bourgeois.

L'art devient petit, l'art devient commercial.

La Nation n'applaudit plus ce bel art de la peinture.

Les juifs achètent pour revendre.

Hélas! nous sommes tombés bien bas.......

N'allez pas croire qu'il entre dans ma pensée l'idée d'attaquer personnellement qui que ce soit ; je me crois le cœur trop chrétien pour avoir une pareille pensée.

Si je fais cette observation, c'est qu'en lisant quelques passages de ce livre, j'ai vu que l'on croyoit reconnoître certains personnages : détrompez-vous si vous partagez ces idées.

Je respecte ce qui est honorable par le caractère, j'admire ce qui est noble par le talent ; j'ai assez pensé, assez vécu pour savoir que ceux qui s'élèvent finissent toujours par se rapprocher.

Voyez deux arbustes séparés par un torrent, petits, ils s'ignorent ; mais ils grandissent, leurs rameaux s'étendent, ils se joignent ; plus ils s'élèvent, plus ils sont chargés de feuilles, leurs richesses se confondent ; devenus forts, ils sont devenus protecteurs.

Les religions, les gouvernements, les hommes sont de même : lorsqu'ils deviennent grands, ils nous protégent, nous défendent, et notre devoir est de les respecter.

Si je porte un jugement sévère sur la Gironde, représentée aujourd'hui par une partie de notre bourgeoisie, croyez bien que c'est par le vif désir que j'ai de voir cette portion sociale reprendre son rang qui doit être élevé parmi nous.

CHÈRE ET JEUNE PATRIE.

Nous vous suivrons, nous vous défendrons jusqu'à la dernière goutte de notre sang.

Vous êtes née de nos entrailles; comme tout ce qui vient en ce monde, vous êtes le fruit d'immenses douleurs.

Nous vous aimons, nous avons tant souffert pour vous . . . . . .

Belle patrie, nous, vos peintres, vos interprètes dans l'avenir, soyez-nous favorable, mais avant nous, pensez à nos maîtres qui vous ont glorieusement servis.

Je viens plaider leur cause : on m'accusera d'audace, à cela je répondrai que l'audacieux risque beaucoup pour sauver davantage; personnellement je n'ai rien à sauver, je viens parler avec un langage défectueux et par humilité j'affronte le ridicule. Ce n'est pas de l'audace, je le répète encore, c'est la plainte de l'être que l'on écrase, ou, pour mieux dire encore, le cri de pitié qui s'échappe à la vue de ceux qui sont frappés.

Depuis longtemps ceux que je viens défendre, ces enfants de la pensée, sont bannis du cœur de la France.

Je viens réclamer pour eux la place qu'ils

méritent, la plus belle, celle qui est la plus proche du cœur.

Par ces grands génies, nous sommes devenus les plus puissants de ce monde ; nous leur devons nos sensations les plus profondes, nos émotions les plus nobles, nous tressaillons de bonheur et de fierté en nous parant de leurs œuvres.

Voyons, aujourd'hui, comment nous honorons leur mémoire.

DAVID

David, le plus grand, celui qui nous a dotés de pages immortelles, celui qui nous a donné de nobles enseignements, David, qui est grand parmi les plus grands !

Qu'avons nous fait de ses tableaux ? qu'avons-nous fait de ses cendres ?

Je puis vous renseigner.

Ses œuvres sont divisées et placées comme au hasard, et pour ses cendres, j'ai vu un jour dans un sentier abandonné une tombe, une pierre, sur laquelle on lit le nom de David, et cette simple épitaphe : « Je repose enfin auprès de la compagne de tous mes malheurs. »

C'est bien peu pour celui qui nous a tant donné.

GROS

Gros, qui est une des gloires de notre art moderne. Qu'avons-nous fait aussi de ses tableaux? Qu'avons-nous fait de ses cendres? Ses toiles ne sont pas placées au hasard, le hasard est souvent heureux, non, elles sont comme éloignées systématiquement, loin des yeux, et comme celles de David, divisées et paroissant faire partie du bagage commun ; pour ses cendres, un trop modeste tombeau.

Vous connoissez ses malheurs . . . .

PRUDHON

Prudhon n'étoit pas, comme j'ai cherché à le faire comprendre, écho de son époque ; nature

19.

rêveuse et tendre, il vivoit dans la solitude et ne prenoit aucune part aux idées politiques de son temps, c'est ce qui fait que ses œuvres ont échappé à la malveillance; mais, vous le savez, lui aussi n'échappe pas au malheur....

GIRODET

Girodet, se sentant mourir, voulut revoir une dernière fois son atelier, ses toiles commencées. Il se fait soutenir, il arrive, il regarde et tombe à genoux; puis, tendant les bras vers ce qu'il regardoit, il dit : « Adieu, bel art de la peinture, je ne vous verrai plus, » et il meurt.

. . . .

Heureux Girodet, tu es mort glorieux et croyant au lendemain . . . . . .

Ce lendemain, nous pouvions dire aussi : Adieu, grand art, nous ne vous verrons plus; car Antoine Gros, le plus méritant de cette noble phalange, avoit bu le calice jusqu'à la lie.

GÉRICAULT

Heureux Géricault, tu meurs jeune, tu n'attends pas la récompense de tes concitoyens.

De mesquines passions politiques ont dénigré ces grands génies; mais, Dieu soit loué, leurs admirables toiles sont plus resplendissantes que jamais.

Empressons-nous de leur donner la place qu'elles méritent; réunissons ces belles œuvres divisées; bâtissons, s'il le faut, un temple pour elles.

Ne croyez pas que ces tableaux soient historiques et par conséquent nécessaires dans la collection de tableaux de cette catégorie; non, non, c'est beaucoup plus que cela.

C'est un art sublime, un splendide écho de la patrie, c'est le cœur, c'est l'âme de la France!

Séparons, séparons au plus vite ces chefs-d'œuvre des productions vulgaires, hâtons-nous de nous parer de nos plus beaux joyaux.

Vengeons ces bannis de la pensée; apportons

des couronnes, entourons ces toiles de palmes immortelles ; et que le lieu qui les contiendra devienne le sanctuaire de la patrie.

Mais je vous entends dire : de quoi vous plaignez-vous ? ce que vous demandez est fait.

En quoi trouvez-vous que ce que je demande est fait ; comment ! vous placez des œuvres de premier ordre à l'aventure, je vois ce grand art que je défends, confondu avec un art d'antichambre, les Horaces à côté d'un Boucher ou d'un Lancret. Je vois la Peste de Jaffa perchée dans les combles, Eylau placé de même ; une sublime toile comme Aboukir faire partie de ce que vous appelez l'art historique, mais qui seroit encore mieux défini en l'appelant l'art anecdotique ; je vois enfin la mesquine servilité familière avec le courage, la grandeur, l'héroïsme ; et vous trouvez que je n'ai rien à demander ? . . .

Permettez-moi de vous dire que moi qui les vénère, je préfère pour eux la persécution à cette abominable tiédeur.

Un fils qui se révolte contre son père peut, par une réaction violente comme son acte cri-

minel, revenir, se soumettre et redevenir un
bon fils; mais celui qui s'acquitte froidement,
strictement de ses obligations filiales, celui-là
est un monstre qui ne reviendra jamais.

Vénérons les œuvres de ces grands hommes,
comme nous vénérons nos ancêtres en leur
donnant la première place au foyer.

Je sais que chez ceux qui sont chargés de ces
arrangements de tableaux, ce n'est qu'un oubli,
car ils ont toujours montré un grand zèle pour
ce qui touche aux idées que je défends; mais
qu'ils se hâtent de faire ce que je signale, attendre plus longtemps seroit une mauvaise
action.

A MON MAITRE GROS.

« Cher et vénéré maître, je vous ai vu défendre
cet art sublime dont vous étiez la plus complète
expression, je vous ai vu porter votre bannière
tout meurtri, tout sanglant, vous étiez seul, et
seul, vous avez combattu avec le courage d'un
lion ; mais vous étiez blessé par l'âge, vous l'in-
vaincu, vous avez senti que la lutte étoit impossible ; vous vous êtes enveloppé de votre drapeau
et vous avez fermé le yeux . . . .

« Cher maître, le temps vous a bien vengé !

« Je vous ai vu glorieusement mourir . . . ceux
qui vous insultoient. . . . je les ai vus salement
vivre . . .

« Vous m'avez dit ; ces paroles résonnent encore à mes oreilles: « Ah! Couture, si vous étiez

plus âgé, nous pourrions écraser ces abominables romantiques. Hélas! je n'étois qu'un enfant; mais, cher maître, ces paroles n'étoient que la plainte de votre cœur blessé; car vous étiez trop noble, trop grand pour vouloir écraser. Si j'avois pu vous venir en aide, Dieu sait si je me serois devoué! mais moi qui ai vécu, je sais que je n'aurois eu que l'honneur de succomber avec vous . . . . .

« J'étois, lorsque vous viviez encore, trop jeune pour vous servir; aujourd'hui que l'on pourroit reprendre vos beaux travaux interrompus, je me sens trop vieux pour pouvoir être digne de vous; je ne puis faire qu'une chose c'est ce que je fais en ce moment, demander, supplier pour que l'on vous rende entièrement justice. Malheureusement, je n'ai rien fait, je n'ai pu rien faire, moi et beaucoup d'autres; nous avons vécu écrasés sous les pieds d'une race implacable, je n'ai donc aucun titre pour être écouté, ce n'est chez moi qu'une prière; je la fais entendre, et je me plais à croire encore qu'elle pourra servir votre mémoire. »

L'ART EST-IL SUPÉRIEUR A LA NATURE?

Grande question souvent soulevée et jamais définie.

On peut répondre oui et non, et voici pourquoi :

Si on prononce le mot art, surtout dans cette circonstance, on rêve cet art dans toute sa perfection. Nous savons déjà par nos entretiens que les plus doués sont les plus passionnés, qu'ils s'abandonnent à ce qui les captive, développent ce qu'ils aiment avec tant de force qu'ils finissent par nous faire partager leur enthousiasme.

Le mot développement n'est pas très-exact;

il leur suffit d'écarter de leurs cadres tout ce qui n'est pas de l'idole; amoureux et jaloux, ils éloignent toute rivalité, ils ne sont pas pour cela supérieurs à la beauté qu'ils représentent; mais, éloignant d'elle toute concurrence, ils nous la rendent plus palpable.

L'homme a l'intelligence trop faible pour admirer en même temps toutes les splendeurs de la nature; il ne peut vraiment comprendre qu'à la condition de descendre au détail; ce détail, lorsqu'il est approfondi, est encore immense, et il faut une organisation exceptionnelle pour le bien comprendre et faire partager cette admiration.

Vous le voyez, le plus élevé des artistes ne développe pas, il met simplement une des beautés de l'univers à la portée humaine.

L'ensemble des magnificences de Dieu nous éblouit. La faiblesse de notre esprit ne les supporte pas plus que nos yeux ne supportent la lumière du soleil; c'est ce qui fait que nous ne saurions être trop modestes dans le choix de nos sujets comme dans nos moyens d'exécution.

Cette simplicité d'opération ne dépasse pas, ne peut pas dépasser l'objet préféré : une belle tête de jeune fille choisie par Raphaël sera supérieure à celle qu'il reproduira; une des splendeurs de la coloration rendue par Titien perdra beaucoup sous ce pinceau prodigieux.

Ainsi on peut dire : la nature est supérieure à l'art.

Oui, cela paroît vrai : mais si nous envisageons cette question à notre pauvre point de vue. humain, nous voyons que cette mise en scène simple des bons esprits nous enveloppe, nous berce, répond à nos appétits intellectuels; étant satisfaits, comblés même, nous pouvons dire avec raison : l'art est supérieur à la nature en ce que l'art donne une réunion de beautés perceptibles que la nature ne nous donne jamais.

C'est ce qu'on appelle en littérature unité de temps, unité de lieu; c'est un cadre simple, donné à un sentiment, à une passion qui domine. Tout doit s'effacer pour les faire valoir. A cette condition, l'esprit est pénétré, nos sensations deviennent profondes, nous restons dans les vraies limites de l'esprit humain ; dans le cas contraire, l'esprit déraille, se divise et perd les bénéfices de la concentration.

J'ai dit oui et non. C'est le doute. J'ai développé comme j'ai pu, ce que je voulais faire comprendre, et, comme tout écrivain, j'ai cru devoir conclure.

Je trouve singulière cette habitude de vouloir toujours convaincre, et ce ton affirmatif que croit devoir prendre celui qui enseigne ; pourquoi ne pas rester sincère dans ses impressions et craindre de se montrer insuffisant? Il vaut mieux laisser au lecteur une incertitude poétique que lui imposer une conclusion mauvaise.

Aussi ce que je viens d'expliquer est loin de me satisfaire ; il se fait en moi une réaction violente, et, débarrassé des incertitudes que je viens d'exprimer, je sens vivement que certains élus de l'Eternel semblent continuer son œuvre ; ces enfants de Dieu nous rappellent à la vérité vraie, ils sont plus vrais que nos vérités terrestres, qui sont toujours plus ou moins entachées par la corruption, ils réhabilitent la création à l'état primitif . . . .

Cette mission divine s'est manifestée dans Phidias et Raphaël.

On peut donc dire hardiment, que leurs œuvres sont supérieures à la nature que nous voyons, puisque c'est cette même nature réhabilitée.

———

ART DIVIN

APOGÉE. — DÉCADENCE.

Nous voici au seuil du grand art; ici, l'homme cesse de se manifester, il a entrevu une chose immense, L'ÉTERNEL; il comprend son infériorité, il devient humble, il traduit ce que lui souffle son Dieu, et se gardera bien de mettre un nom d'homme au bas d'une chose si sainte; écho de Dieu même, ce qu'il fera restera au monde, planera sur tout, et restera inexpliqué comme l'infini.

Les Grecs et ce que nous nommons les Primitifs, arrivent à cet art suprême.

Chez les Grecs.

La patrie; tout pour elle : veilles, souffrances, fatigues, ils supportent tout... — Faut-il la mort pour qu'elle soit plus glorieuse, plus belle encore? mourons. . . . .

C'est l'amour infini, c'est le sentiment maternel appliqué à la patrie, c'est l'abnégation, le sacrifice, l'impersonnalité :

L'Impersonnalité, voilà le mot.

L'exaltation dans l'amour les fait entrer dans la voie divine, ils produisent des merveilles. Inutilement vous chercherez leurs noms . . . . .

Plus tard, le sentiment patriotique devient moins vif, l'exaltation dans l'amour disparoît, la personnalité se fait jour, et vous voyez paroître au bas des statues: un tel, fils d'un tel, a fait cela.

Aux époques les plus reculées du moyen âge, dans ces temps de guerre, de domination, d'esclavage, les hommes intelligents devoient bien souffrir, ils ne pouvoient rien avoir à eux, leurs seigneurs possédoient la terre et l'eau; leurs femmes, leurs enfants étoient à la merci du maître.

Certains esprits fiers n'ont pas voulu accepter la vie dans ces conditions, ils ont préféré renoncer à des choses si fragiles ; menés à Dieu par l'excès de leurs misères, ils trouvèrent dans son sein des félicités sans bornes; hier encore, ils auroient pu se révolter contre leurs oppresseurs, aujourd'hui qu'ils connoissent des biens supérieurs à ceux de notre terre, ils se retournent vers leurs ennemis les mains pleines de fleurs et de pardon, et la force qu'ils ont puisée dans le sein de leur Dieu est si grande, si irrésistible, qu'ils courbent à leur tour ceux qui les avoient écrasés.

Mais ils les courbent comme ils se courbent eux-mêmes, ils voient et jugent les misères de la terre ; le plus puissant Roi n'est plus pour eux qu'un frère, aussi petit, aussi misérable qu'ils peuvent l'être, que dis-je? bien plus misérable : eux possèdent les jouissances d'un grand idéal, tandis que le puissant de ce monde ne possède à leurs yeux que des oripeaux terrestres. . .

Comme des Christophe Colomb célestes, ils parlent de leurs découvertes, de leur père qui est au ciel; tous admirent, tous s'inclinent, tous s'unissent dans ce grand idéal religieux.

Le maître n'est plus un conquérant tyrannique, il est le Patron, le protecteur de tous les siens; devenu humble, il a au cœur le sentiment de la fraternité.

Seigneurs, Religieux, Peuple, ne font plus qu'un.

De cette grande unité naissent ces merveilleuses cathédrales qui s'élèvent vers le ciel; tout monte, tout cherche à gravir les félicités éternelles . . . .

Voyez leurs Églises toujours variées, et toujours admirables de forme et de style; allez, montez, descendez : des merveilles, toujours des merveilles. Aux endroits les plus inaccessibles, là où l'œil ne peut rien saisir, si vous pouvez y parvenir, vous y trouverez des trésors de sculpture.

Ne les voyez-vous pas comme moi, ces artistes divins suspendus entre le ciel et la terre!
La journée est terminée, on sonne l'angélus, leur
travail cesse, ils prient en croisant leurs mains,
et répètent avec onction la prière de tous : *Notre
père, qui êtes aux cieux, que votre nom soit
sanctifié!*... Ils se couchent à l'heure où les oiseaux mettent leurs têtes sous leurs ailes; l'au-
rore les retrouvera à leur travail, qui croît
comme l'herbe des champs; sans fièvre, sans
fatigue, ils trouvent dans leur simplicité l'équilibre divin. Les travaux les plus gigantesques
terminés, ils recommenceront le lendemain
comme s'ils n'avoient rien accompli la veille;
enfants de Dieu, comme le Père, ils ne s'arrêtent
jamais; modestes et forts, doux et simples, ils
sont les échos de leur Dieu; ils se garderoient
bien de mettre un nom, une vanité dans leur
prière; et puis, cette vanité, ils ne peuvent
l'avoir; vivant dans l'infini, la pensée dans les
étoiles, ils trouvent que notre monde est de fange;
n'étant pas troublés par les éblouissements de
l'orgueil, ils donnent ce qu'ils peuvent donner et

se regardent sincèrement comme des ouvriers infimes.

Il y a une manifestation divine qui n'appartient qu'aux élus ; il semble bien que Dieu crée par leurs mains, il faut que cela soit, puisque cette façon d'exprimer est toujours la même ; elle n'est pas comme l'exécution humaine qui varie selon les individus, non, elle est immuable, et dans cette unité du faire une variété sans limites : c'est l'abondance, l'inépuisable.

Regardons un chapiteau du XIII° siècle, on ne peut rien voir de plus merveilleux ; c'est aussi beau que le plus beau chapiteau grec ; maintenant voyez-en cent, voyez-en mille, ils ne sont jamais semblables, et sont toujours d'égale beauté : c'est l'infini de la création.

Dans la sculpture des figures où on pourroit mieux saisir la différence, vous voyez cette éternelle unité, mais une grande variété dans un même esprit, et comme puisée à une source qui ne tarit jamais.

Elles sont variées comme les productions de la terre. Voir une statue gothique, c'est absolument comme si l'on voyoit un chêne : le chêne peut être plus ou moins grand, plus ou moins beau, c'est toujours un chêne. La statue gothique est de même, elle sera plus ou moins parfaite d'exécution, mais ce qui la rend vraiment admirable, c'est cette marque native qui en fera une œuvre du moyen âge; qu'est-ce que je dis, moyen-âge, je me trompe, il n'y a pas d'époque pour le sentiment dont je parle. Aussitôt qu'il y a impersonnalité, soumission à Dieu, écho pur et simple, la facture de l'œuvre prend un je ne sais quoi d'éternel, et ce je ne sais quoi d'éternel, vous le trouverez chez les Grecs comme chez les artistes du moyen âge.

Oui, elle est toujours la même, cette manifestation; dans tous les pays, dans tous les temps, elle est facile à reconnoître comme la lumière.

Ah ! que je voudrois savoir écrire pour vous faire comprendre ma pensée! Que je voudrois pouvoir vous montrer certaines statues de ce bel art chrétien, vous les mettre en comparaison avec l'Achille antique ou les fragments de Phidias. Vous verriez, vous sentiriez combien c'est

semblable : même calme, même simplicité, primitifs, savoureux, une absence complète de la
science pédante ; la science ils l'ont aussi, mais
cachée ; la force ils la possèdent, mais cachée ;
ils possèdent tout et tout est comme voilé, mystérieux. Quel art étoilé, infini ! . . . .

Celui qui créa *le Gladiateur* fit, certes, une
belle statue ; je crois qu'il n'est pas possible
à l'homme d'aller plus loin. Mais comme cet
art humain est loin d'avoir la beauté de celui
dont je parle. Dans *le Gladiateur*, tout veut paroître : voyez ma force, voyez ma science, je la
mets par-dessus pour la rendre plus visible ;
admirez-moi, ne m'oubliez pas, et d'ailleurs je
m'appelle un tel, fils d'un tel.

Oui, je le veux bien, je vous admire ; vous
faites un art bien difficile, bien savant ; mais
mon bonheur, je le trouve devant cet art qui ne
sent ni effort, ni travail, devant cet art qui me
laisse ma liberté, en ne faisant pas appel à mon
admiration.

L'un me fatigue, sans jamais me satisfaire.

L'autre me comble, sans jamais me fatiguer.

Le grand art émane de Dieu, il se donne.

L'art humain est toujours un peu mendiant, il demande son obole.

Au milieu de ces nobles enfants du moyen âge devoit naître ce sentiment de la personnalité, principe de toute décadence. J'aime mieux vous retracer un fait réel que de m'étendre sur des considérations qui disent beaucoup moins qu'une action vraie.

Michel-Ange avoit exposé son divin groupe de la Piéta, le succès avait été immense ; un jour, parmi ses admirateurs, il entend dire : « Nous devons ce chef-d'œuvre à notre Gobbo de Milan. » Alors il se sentit mordu au cœur par ce ver rongeur que j'appelle la personnalité ; il court à son atelier, s'empare d'un marteau et des quelques outils nécessaires à son projet ; la nuit venue, une lanterne sourde à la main, il s'introduit comme un malfaiteur dans le lieu où étoit exposé son œuvre, et là, il grave sur la ceinture de la vierge : Michel-Ange a fait cela.

Eh bien! moi, je vous dis que de ce moment,

le grand, le divin artiste, celui qui avoit été choisi par la Providence pour donner, pour achever la plus parfaite expression de l'art chrétien, avoit signé le pacte de la déca- dence . . . . . Pauvre MICHEL-ANGE ! tu ne te relèveras plus de cette souillure de la personna- lité, ta grande âme te fera produire des mer- veilles, mais tu as failli, tu t'es laissé choir, tu n'auras plus la grâce dans toute sa virginité.

Tu as donné le mauvais exemple, tu en seras le premier puni ; tu ne retrouveras plus le sen- timent, l'équilibre divin de ta Piéta.

Mais tu resteras enfant de ton Dieu, tu seras un écho de sa puissance, de ses colères ; tes œuvres nous impressionneront comme le bruit du tonnerre. . . . .

S'il ne signe pas, il violente son génie ; il semble craindre de n'être pas reconnu, c'est alors qu'il crée une *manière !* malgré lui, à son insu, la personnalité est au fond de son cœur.

Nos perceptions humaines sont grossières, nous voyons les choses lorsqu'elles sont accom- plies, nous voyons naître la fleur, nous jouissons de son épanouissement. Mais nous ne pouvons saisir le moment où elle décroît, et, lorsque nous nous en apercevons, la décroissance est depuis longtemps commencée.

Voilà ce qui est arrivé pour ce que l'on appelle DÉCADENCE, on ne la signale que lorsqu'elle a fait depuis longtemps ses ravages.

Où commence-t-elle cette DÉCADENCE? elle commence à la venue de la *personnalité*. N'allez pas chercher ailleurs, c'est là, c'est là qu'est le ver rongeur.

Je vois naître un nouveau culte.

Le monde se rassure, tous peuvent prendre part aux bienfaits de la vie. Ces enfants du ciel descendent sur terre, ils regardent ; la douceur de la femme les captive, ils choisissent des compagnes, ils aiment saintement, ont la foi dans l'amour ; ces cœurs longtemps contenus s'exaltent ; la religion de la femme est née.

Elle se personnifie dans la VIERGE MARIE.

La peinture profite de ce commencement de matérialisme, elle prend du corps, une sensualité contenue lui donne un charme indicible, c'est alors que s'épanouissent les belles toiles des Raphaël, André del Sarte, Fra Bartholoméo, Corrége, etc. . . . .

Cette période est de courte durée, la plante est touchée dans sa racine, nous la verrons bientôt mourir ; ils sont sur une pente glissante, hier encore la femme étoit pour eux une compagne, ils en font une maîtresse aujourd'hui ; demain, ils l'abaisseront au rang de la courtisane . . .

Les luttes, les rivalités naissent, les tournois; c'est à qui brillera pour mieux plaire ; on aime, on sert sa maîtresse, on porte ses couleurs. . . . Nous sommes déjà loin de ces grandes aspirations divines, ils ne s'élèvent plus dans leurs productions, ils ne servent plus leur Dieu ; esclaves de leurs sens, ils filent aux pieds d'Omphale.

L'art est perdu. . . . .

Tout parloit du ciel dans l'art du moyen âge, tout parle boudoir dans ce que vous appelez la RENAISSANCE, c'est le temps des joyaux, des dentelles, des fioritures ; devenus incapables de rendre la beauté, ils se consolent avec la richesse.

Mais descendons toujours!... voici venir un art singulier; qu'est-ce que c'est que cela? des hommes pâles, chétifs, épuisés ; ils portent des colliers, des perles sur leurs vêtements, ils se sont parés pour être aimés ; détournons-nous, ces mignons sont horribles ! Descendons encore, je vois des débris sans caractère jusqu'au siècle du Grand Roi ; ici, naît le culte d'un homme : connoissez-vous rien de plus insupportable que cette peinture de Lebrun, gonflée comme un oiseau de basse-cour? je ne sais pas ce qu'étoit le maître, mais son peintre m'est bien antipathique. Cette peinture soufflée, prétentieuse, qui, au moral porte perruque et talon rouge, voit naître auprès de sa théâtrale puissance, un artiste admirable. Je veux parler de Lesueur. Abandonné des grands, sans ressources, sans appui, il se retire du monde; né peintre, il trouve un refuge au sein de la nature, et, retournant par ce fait aux traditions du moyen âge, il en obtient les bénéfices en créant des chefs-d'œuvre.

Poussin, qui avoit précédé Lesueur, s'étoit révolté contre le mauvais goût; il avoit voulu ramener au vrai; n'y pouvant parvenir, il s'étoit expatrié : il a bien fait, car c'est à sa retraite que nous devons ses beaux ouvrages.

Ces deux noms nous consolent et nous montrent que l'on peut produire de belles œuvres dans les conditions les plus modestes.

Nous avons parcouru un long espace : l'apogée et la fin. Je vous ai signalé les causes de la décadence, vous devez comprendre maintenant que dans l'art l'idéal est tout. Chez les peintres d'un ordre inférieur, vous trouverez une science et une habileté de main surprenantes; mais dépourvues d'idéal et de moralité, leurs productions nous sont indifférentes.

L'idéal est tout; non, l'idéal n'est pas encore suffisant, il faut pour le peintre une profonde soumission à la nature, et l'humilité absolue vis-à-vis de lui-même.

Oser s'avouer est la plus grande des forces.

L'instinct, la conscience, c'est là qu'est le mystère; il n'est pas loin, notre guide est en nous; ce qui fait que nous n'obéissons pas à ce qui nous est tracé, c'est ce désir violent de briller sur nos semblables. Ce que nous sentons, allons donc, c'est trop simple, cela ne feroit pas d'effet; vous le voyez, c'est l'orgueil, c'est la *personnalité.*

On montre à MICHEL-ANGE un dessin qu'il avoit fait dans sa jeunesse. Il le regarde long-temps et dit : « quarante années de travail pour ne pas avancer. » En disant cela, il étoit sincère et injuste; au reste, c'est toujours le même génie entaché d'orgueil; pourquoi vouloir toujours monter, dépasser les autres, se dépasser soi-même? d'ailleurs, on ne dépasse pas un but atteint. Au départ, Dieu lui fait la grâce de lui montrer la vérité, il n'a qu'à étendre la main pour la saisir; qu'il continue à servir, à reproduire cette vérité qui lui a été dévoilée.

Un vrai génie naît avec l'homme, il subira les modifications amenées par l'âge. Si ce génie est robuste, grave, il trouvera son épanouissement dans la maturité; si, au contraire, il est jeune, printanier, il trouvera, comme dans RAPHAEL, son accomplissement dans la jeunesse.

Ne vous violentez pas, laissez-vous aller, soyez souples et prenez confiance, c'est ce qu'il faut pour nager dans ce grand océan de la vérité.

Que MICHEL-ANGE vous serve d'exemple, vous trouverez en lui les sentiments, les vertus, les *soumissions* qui font naître les belles œuvres, et vous trouverez encore la faute qui peut les diminuer.

Je finis en traçant ces mots :

IDÉAL, IMPERSONNALITÉ.

J'ai relevé votre courage : votre sympathie,
je le sens, augmente mes forces, j'ai enfin ce
qu'il est bon d'avoir, l'espérance. — Vivrai-
je assez pour voir renaître le véritable art
français?... Je le vois venir, ah! que vous êtes
heureux d'être jeunes.

Tout me l'annonce, cet art que j'ai tant rêvé :
l'indifférence du public pour celui qui existe est
d'un bon augure, — pourquoi lui, si vivant,
s'intéresseroit-il à cette peinture issue des tom-
beaux.

Il n'y a plus que quelques peintres, clients
d'un monde qui s'éteint, qui produisent encore
pour la satisfaction de petits appétits bourgeois. L'art national est à naître ou du moins à
continuer, car depuis Gros et Géricault il est in-
terrompu, et même je dirai malgré mon admiration pour l'art de la révolution, qu'ils n'a-
voient pas complétement trouvé l'art français,
ils sembloient n'aborder les sujets modernes

qu'à regret, ils n'étoient pas francs d'allure, l'étude et les fleurs de rhétorique se montroient trop, enfin cet art nouveau faisoit encore ses classes.

Reprenez aujourd'hui cette belle peinture interrompue, et soyez encore plus du sol, plus franchement français par la forme, et votre art égalera en grandeur, en majesté, les plus splendides pages vénitiennes. Vous deviendrez non les copistes, mais les égaux des Grecs.

Regardez autour de vous et produisez. . . .

Pour moi, j'ai suivi l'ordre de la nature, j'ai planté en vous le grain de la vérité, je ne doute pas qu'il germe; en simplifiant les moyens, en vous garantissant du trouble résultant des complications, vous ferez un bon travail souterrain. Lorsque votre tige sortira de terre, entourez-la comme la plante d'un manteau protecteur, cet abri, cette protection, ce tuteur, c'est votre INSTINCT.—Grandissez, fortifiez-vous, chargez-vous de feuilles et de fruits, et donnez-nous de beaux ombrages.

TH^as COUTURE.

APPENDICE

APPENDICE

BEAUX RÊVES SUR L'ÉDUCATION ARTISTIQUE

Les mêmes causes donnent invariablement les mêmes effets.

Cette pensée fait naître en moi le souvenir de cette belle école de Florence, et je me demande si la création d'un milieu semblable à celui qu'avoit créé Laurent de Médicis pour ses artistes, ne seroit pas pour nous une chose féconde.

Il avoit fait venir dans ses vastes jardins des marbres de Carrare; puis, il avoit choisi des artistes doués et leur avoit dit :

« Voici toutes les facilités pour produire, vous trouverez dans ma maison la vie matérielle, et dans mes jardins la vie intellectuelle; allez, produisez. »

Comme un père, il vivoit au milieu d'eux, les enveloppoit de soins, il les voyoit grandir.

Quel beau parterre humain que celui où croissoit un Michel-Ange!

Lorsqu'une belle œuvre s'épanouissoit, une simple caresse, un mot sorti du cœur suffisoient à l'artiste, je devrois dire au fils, car Laurent de Médicis étoit un père pour eux.

Vous voyez : c'est beau, c'est bon, c'est facile.

C'est facile, comme tout tout ce qui entre dans la loi naturelle.

A son exemple, prenons parmi nous les mieux doués, ils sont aisés à choisir, il n'y a pas besoin de *Commissions* pour cela, le premier venu, dans le monde qui s'occupe d'art, pourroit les indiquer.

Prenons-en dix ou douze, soit dix peintres, dix sculpteurs, dix architectes, donnons à ces artistes des ateliers, des marbres et des toiles;

enfin, tout ce qu'il est nécessaire d'avoir pour produire. Assurons la vie à ces artistes, pour qu'ils soient débarrassés des préoccupations vulgaires ; que le chef de l'État vienne souvent les visiter, qu'il assiste à la progression de leurs travaux, qu'il cultive avec amour ce parterre d'hommes intelligents, qu'il soit véritablement père pour eux, et je vous affirme que quelques années suffiront pour donner des artistes admirables : enfin, créant les mêmes causes, nous aurons les mêmes effets.

Je ne suis pas de ceux qui veulent détruire, je suis plutôt de ceux qui veulent faire naître ; mais, ce que je ne suis pas avant tout, c'est du nombre de ceux qui veulent restaurer.

Je trouve que rien n'est plus funeste dans le domaine de l'art que la restauration.

Si un Raphaël est altéré par le temps, gardez-vous d'y toucher. Le rêve de celui qui regarde fera la meilleure des réparations.

Si un antique est mutilé, gardez-vous bien d'y mettre des pièces.

Avec vos restaurations, adieu rêves du

passé, adieu poésie, tout cela s'envole pour faire place à un invalide de nouvelle espèce.

Fondez de nouvelles écoles, mais ne restaurez pas de vieilles écoles; ou, si vous le faites, vous obtiendrez encore un invalide de nouvelle espèce.

Un Dieu a dit : ne mettez pas de pièces neuves à un vieux manteau. . . . .

En art, la restauration est la pièce du manteau, elle emporte souvent le reste; sauvez simplement ce que le temps a respecté et n'y ajoutez rien.

J'aborde une question délicate, celle de l'éducation académique, et je tiens, avant tout, à signaler la bienveillance de l'Administration des Beaux-Arts, sa sollicitude ardente pour bien faire; mais, je ne puis m'empêcher aussi de signaler un abaissement très-sensible dans la moyenne artistique.

Permettez-moi de chercher d'où cela peut venir; je n'ai pas la prétention de trouver de meilleurs moyens, mais, comme peintre, comme professeur, j'ai vécu au milieu de ces questions si difficiles à résoudre et je puis apporter ma part d'expérience.

J'applaudis à la bonté de l'Administration qui vient en aide à cette grande quantité d'artistes qui ont besoin de vivre, et, si on veut observer et juger sans esprit de parti, on verra que jamais les Directions d'art n'ont autant fait pour soulager : oui, tout cela est bien. Mais, établissez une limite, rendez-vous bien compte de la situation actuelle, remarquez que ce monde artistique est ancien, que les peintres qui le composent sont à l'art ce qu'étoient les vieilles pataches aux chemins de fer ; établissez une limite, je le répète encore, car sans cela l'habitude, la fausse éducation continueront de mauvaises coutumes et vous n'en finirez jamais.

J'aime encore à signaler votre désir de former des hommes nouveaux; mais voyez bien si ceux que vous instruisez, pour lesquels vous faites des sacrifices, vous resteront pour faire ce que vous attendez d'eux; car ils pourroient bien, ces enfants de vos entrailles, vous échapper. Vous feriez alors des efforts inutiles, et, puisque nous sommes en pleine Ecole des Beaux-Arts, je vous rappellerai le tonneau des Danaïdes; comme ce fameux tonneau, la situation présente a beaucoup de trous, permettez donc à un vieux praticien de vous les signaler.

J'ai voulu, moi aussi, former des talents véritables; comme un pélican, j'ai nourri des gaillards qui, lorsqu'ils avoient une lueur de talent, m'échappoient pour aller battre monnoie. J'ai cru dans les premières années que c'étoit le fait du hasard, mais, j'ai vu plus tard, que le monde, comme un nouveau Saturne, dévoroit tous ses enfants.

Les besoins modernes sont impérieux. Les parents font souvent pour l'éducation de leurs enfants des sacrifices qui dépassent leurs ressources pécuniaires; ils ont hâte de les voir gagner leur vie, par deux raisons : la première est qu'ils sont à bout d'efforts, la seconde est qu'ils sont désireux de connoître les résultats de la direction donnée.

Les jeunes gens, de leur côté, ont d'autres

causes qui les poussent à gagner de l'argent :
le désir de vivre de la vie moderne, la mise
soignée, les cigares, la connoissance des pièces
de théâtres nouvelles : ils vous assurent, presque tous, que ces choses sont utiles au développement de leur intelligence, et les voilà,
transformant en gros sous ce qui serait devenu
or avec plus de patience ; les mauvais instincts
d'un certain public, les concessions désastreuses
qui sont la conséquence de certains travaux,
ont bientôt anéanti les bienfaits d'une éducation bien commencée.

Je trouve que, jusqu'à présent :

ON A FAIT TROP DE SACRIFICES POUR DES
ESPÉRANCES,

ET PAS ASSEZ POUR LES BONNES RÉALITÉS.

Je signale l'abaissement des moyennes ; mais
nous avons et nous aurons toujours de charmants talents. Ils naissent comme les fruits ;
ces beaux produits de notre sol sont bien plus
le résultat de la nature que de l'éducation (en
art surtout). Reportez toute votre sollicitude
sur ces heureuses organisations, vous n'aurez

que quelques artistes, c'est vrai; mais notre
société n'a pas besoin d'en avoir un grand
nombre, et je crois qu'elle seroit très-soulagée
si elle étoit débarrassée de ses mauvais peintres.

Pour être véritablement artiste, il faut, avec
l'aptitude pour la reproduction des formes, une
grande intelligence, du sens moral, beaucoup
d'imagination, et une profonde observation;
toutes ces qualités sont longues à se développer dans un homme. L'enfant qui en possède
le germe se montre souvent rétif à l'enseignement, tandis que celui qui n'a que l'intelligence
nécessaire pour comprendre les premiers éléments de l'art, semble donner les plus grandes
espérances; mais, à un certain point, tout croule
et devient cendre, et à ce même degré, celui sur
lequel vous ne comptiez pas se transforme et
devient diamant. Si on pouvoit, comme dans les
autres branches d'instruction, faire un choix,
l'éducation académique seroit excellente; mais,
vous le voyez, c'est impossible Vous le faites
bien, ce choix, mais il est éventuel, et vous
éloignez presque toujours les mieux organisés.

Plus tard, lorsque les peintres sont formés, lorsqu'ils exposent, ce choix se fait tout naturellement par l'opinion publique, par la comparaison des œuvres entre elles.

Les discussions ne sont possibles qu'éloignées des œuvres; mais lorsqu'elles sont présentes, la comparaison établit de suite la différence.

Comme deux hommes d'inégale grandeur, si l'un de ces hommes dépasse de dix centimètres celui auquel on le compare, aucune discussion, aucun feuilleton ne pourront parvenir à le faire trouver plus petit.

Des critiques peuvent mal juger, par ignorance ou par intérêt; des peintres peuvent mal juger par des questions d'amour-propre ou d'envie; des amateurs qui sont débarrassés des sentiments dont je parle, jugeront beaucoup mieux que ces derniers; mais ce qui ne se trompe jamais, c'est l'opinion publique.

Nous avons pu signaler des phénomènes singuliers, nous avons vu la presse se déchaîner contre des talents qui répondoient à des appétits publics, les uns à des idées politiques, d'autres à des goûts mondains, d'autres encore à une bonne gaieté gauloise. Eh bien ! cette presse, qui se croyoit si puissante, ne faisoit qu'enflammer, par son opposition, l'engouement de la foule.

La masse ne se trompe pas, elle donne, pour résultat, l'équilibre de la pensée humaine.

Elle seule fait les vrais succès ; sans ses applaudissements, les hommes d'art ne se prononceroient jamais sur les belles œuvres ; c'est l'honnêteté publique qui les oblige à se prononcer.

Choisissez, sans crainte de vous égarer, ceux que le bon sens public vous signale.

. . . .

J'ai déjà eu l'occasion de dire que l'instruction élémentaire étoit confiée, dans l'art de peindre, à des hommes d'une intelligence inférieure et c'est un grand malheur ; l'élève prend, au début de ses études, des habitudes vicieuses desquelles il aura beaucoup de peine à se débarrasser plus tard ; mais remarquez qu'il s'en débarrassera s'il est doué, si la force de son organisation le sauve ; mais, si au contraire, cet élève est comme sont la plupart de ceux qu'on enseigne, il gardera toute sa vie les mauvaises habitudes prises.

Pourquoi l'art est-il une grande chose? c'est parce que son influence peut être salutaire sur le monde.

Si l'art n'étoit profitable que pour quelques privilégiés de la fortune, il faudroit cesser de s'en occuper ; mais il a, dans notre pays surtout, une action directe sur toutes les productions françaises. Nous ne brillons pas que par notre courage, nous brillons aussi par notre goût, nos meubles, nos tapisseries, nos bronzes, nos voitures, nos papiers peints, nos étoffes, nos teintures, nos décorations d'appartement, notre verrerie, nos porcelaines, nos modes, nos fleurs artificielles, la décoration de nos jardins, l'arrangement de nos fêtes publiques, et bien des choses que j'oublie, découlent de l'art du peintre et de l'architecte. Si vous avez de l'abaissement dans les deux arts que je signale, vous aurez, à l'instant même, abaissement dans toutes les industries dont je viens de parler.

Mais, direz-vous, vous avez déjà signalé un certain amoindrissement dans l'art et, cependant, il est facile de reconnaître qu'il y a, depuis plus de vingt ans, d'immenses progrès dans l'industrie.

Oui, c'est vrai, et je puis vous en donner la raison.

Il y a vingt ans, l'art et l'industrie étoient séparés. Cette dernière, sans direction, se livroit à des fantaisies souvent ridicules; mais depuis, elle a fait alliance avec l'art et s'en est fort bien trouvée. Si, comme c'est évident, l'union dans cette circonstance donne de bons résultats, il découle de ce raisonnement que l'élévation dans l'art donnera une grande élévation dans l'industrie.

Un bon esprit, l'étude, l'observation mènent à la simplicité.

L'ignorance est essentiellement compliquée.

La simplicité dans la conception donne la beauté.

La simplicité dans l'exécution donne une grande économie de temps.

La simplicité dans les matériaux donne des garanties de durée.

Les mauvais professeurs enseignent les moyens compliqués, il en résulte des produits défectueux comme goût, coûteux comme temps; j'ajoute les pertes de matières perdues et le peu de solidité des travaux.

Voilà pourquoi il est utile de bien enseigner.

L'enseignement est presque inutile pour une nature exceptionnelle; elle devinera ce qu'il faut faire et trouvera.

Mais la moyenne a besoin d'enseignements simples, forts, faciles à comprendre; il lui faut des bases solides, éprouvées, de ces principes fondamentaux desquels découlent toujours de bonnes choses; c'est là, surtout, qu'il faut démontrer les lois constitutives de la beauté.

Prenons un exemple dans la peinture; voyez un barbouilleur copier la Sainte Famille de Raphaël. Cette peinture mal reproduite restera intéressante, par cela même qu'elle est copiée d'une œuvre constitutivement belle.

Prenez ce même mauvais praticien, faites-lui

copier un tableau très-bien exécuté, mais ne possédant pas les qualités dont je parle; vous verrez à l'instant même un résultat détestable et sans aucun intérêt.

L'art antique est souvent complet, mais lorsqu'il cesse d'être savamment exprimé, il reste encore admirable par cette raison : que des règles fondamentales servent de tutrices aux productions de l'antiquité.

Nous enseignons mal le dessin à nos artistes industriels en les exerçant à faire des dessins de tête ou de fleurs qui n'ont d'emploi que pour fêter les grands parents ; mais, vis-à-vis de leurs métiers, ils n'en tirent aucun profit. Sauront-ils mieux former un vase, composer plus sainement leurs teintes, tracer avec plus de goût un profil de corniche, plus élégamment décorer leurs étoffes? Non, n'ayant rien appris de pratique, ils ne peuvent rien faire d'utile à leur profession.

Ce que je voudrois voir professer à ces ouvriers si intelligents, ce sont : ces lois constitutives, ces lois mères, qui sont essentiellement créatrices.

Pour cela, il faut des artistes vraiment forts; eh bien, n'avons-nous pas ce milieu de peintres, de sculpteurs, d'architectes, choisis tous dans la force de l'âge et du talent? Qu'ils professent, eux seuls peuvent éclairer.

Mais, direz-vous, ces talents auront bien assez de leurs travaux, vous ne pouvez compliquer leur tâche en y ajoutant celle du professeur.

Je dirai comme vous que c'est une tâche, c'est même une mission qu'il est pénible et doux d'accomplir.

Ne croyez pas qu'il n'y a que celui qui professe, qui donne; l'homme intelligent qui enseigne, par cela même qu'il est dans l'obligation de se retremper incessamment aux lois primitives, puise des forces qu'il n'auroit pas sans cet exercice que j'appellerai maternel.

Notre art ne doit pas cesser d'être national. Gardons-nous de devenir Anglais par l'égoïsme, restons ce que nous étions, ce que nous sommes encore; car, si ce n'est l'art qui a baissé, nous n'avons rien perdu.

Restons la nation la plus hospitalière ; heureusement favorisés par notre climat, par notre intelligence, par la grâce de nos femmes, nous exerçons un grand prestige ; gardons-nous de le diminuer, et faisons en sorte que nos artistes restent les premiers du monde.

Pour cela, il faut que nos peintres, nos sculpteurs, nos architectes les mieux doués cessent de satisfaire les goûts particuliers ; il faut qu'ils s'adressent à la nation ; un vaste auditoire demande un vaste talent.

Le public possède un idéal sans bornes, illimité ; la masse, n'ayant que le rêve pour jouissance, compense par la richesse de son imagination la pauvreté de ses moyens.

C'est une faute de croire qu'il est nécessaire d'abaisser son langage pour parler au peuple ; c'est tout le contraire, l'élévation dans la pensée, un style noble sont indispensables pour être au niveau de l'idéal populaire.

Cette admirable abnégation de la sœur grise, ce dévouement sans bornes, ces sacrifices incessants faits dans l'espérance de conquérir la vie éternelle, vous devez retrouver tous ces sentiments chez l'artiste qui veut conquérir la gloire.

Chez le croyant : la foi.

Chez l'artiste : l'honneur.

Chez le croyant : l'espoir de la vie éternelle.

Chez l'artiste :

L'espoir de l'immortalité terrestre.

Là, où vous trouverez vocation, vous trouverez dévouement.

Les hommes doués sont passionnés pour leur art; ils sacrifieront toujours les intérêts d'argent à la possibilité de faire des œuvres durables.

Vous obtiendrez tout d'eux, au nom de l'honneur.

N'oubliez pas qu'ils doivent être une des forces de l'État, aider à sa grandeur, à son prestige.

Attirez le plus possible ces natures, heureusement douées, dans le giron du meilleur monde; ils en prendront rapidement les bons sentiments. Témoignez-leur beaucoup d'estime, honorez-les, *mais gardez-vous bien de les en-richir*.

Voilà, je le crois du moins, les moyens qu'il faut employer pour obtenir de grands artistes et rendre ces mêmes artistes utiles à leur pays.

TABLE

TABLE DES MATIÈRES

CONTENUES DANS CE VOLUME.

———

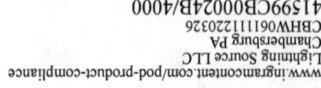